YOUJI RENMING FANYING
JILI XINJIE

有机人名反应机理新解

陈荣业 张福利 著

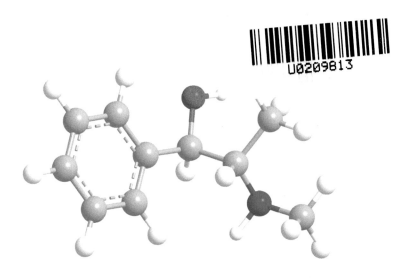

化学工业出版社

·北京·

内容提要

《有机人名反应机理新解》详述了157个有机人名反应，对文献中的反应机理进行了再讨论、再解析，旨在使机理解析理论更完善、更规范、更准确，将反应过程细化至每一个基元反应，解析各个基元反应的原理与规律，这种过程与原理的对应，加之规范的电子转移标注，便于读者理解和把握。

本书可以作为有机化学专业师生的教学参考书，也可以作为从事有机合成相关工作及研究人员的专业参考书。

图书在版编目（CIP）数据

有机人名反应机理新解/陈荣业，张福利著．—北京：化学工业出版社，2020.7（2022.11 重印）
ISBN 978-7-122-36782-2

Ⅰ．①有… Ⅱ．①陈… ②张… Ⅲ．①有机化学-化学反应 Ⅳ．①O621.25

中国版本图书馆CIP数据核字（2020）第080238号

责任编辑：戴燕红　　　　　　　　　　　文字编辑：向　东　姚子丽
责任校对：刘　颖　　　　　　　　　　　装帧设计：韩　飞

出版发行：化学工业出版社（北京市东城区青年湖南街13号　邮政编码100011）
印　　装：北京虎彩文化传播有限公司
710mm×1000mm　1/16　印张22　字数368千字　2022年11月北京第1版第5次印刷

购书咨询：010-64518888　　　售后服务：010-64518899
网　　址：http://www.cip.com.cn
凡购买本书，如有缺损质量问题，本社销售中心负责调换。

定　　价：128.00元　　　　　　　　　　　　　　　　　　版权所有　违者必究

前 言

纵观所有有机反应，无一不是共价键的生成与断裂过程。由于每个共价键均由一对自旋相反的电子构成，因此共价键的生成与断裂，无一不是电子转移过程。一个共价键的生成与断裂，只能有两种电子转移方式：独对电子转移或单电子转移。这种电子转移的规律，正是有机反应最本质的特征。

反应机理解析是对于化学反应过程、原理的形象化表述。所谓过程，就应表述其所有基元反应和活性中间状态；所谓原理，就要揭示电子转移的规律性、必然性；所谓形象化，就是将电子转移的趋势极端化、扩大化，便于人们理解和掌握。

反应机理解析的基础理论，是经典物理学理论的继承与延伸，是有机化学、物理化学理论的集成与应用，是有机反应规律的科学抽象。感谢伟大的前辈们对此不断地探索、总结和概括，幸运的我们可以在巨人的肩膀上学习与实践。在实践中丰富和发展反应机理解析的理论，逐步揭示有机反应的规律和特点，是当代化学工作者的最大心愿。

反应机理解析理论、方法的掌握与运用，能解决工艺过程构思、工艺过程优化等一系列实际问题，因而必然引起广大化学工作者的极大关注，而掌握有机人名反应的机理解析正是学习机理解析的突破口。

众所周知，有机反应千变万化、无穷无尽。研究有机反应机理只能从部分典型实例开始，而有机人名反应恰恰是有机反应的典型代表，幸运的是这些反应的机理解析已经经过精心整理、编辑成册了。

"Jie Jack Li: Name Reaction A Collection of Detailed Mechanisms" 就是这些教科书中的典型代表，众多读者（包括本书作者）学习机理解析正是从这里起步的，也从学习此书的过程中受益匪浅。其中的具体实例是特殊的，而从这些个性的实例中可以抽象出共性的规律，这就为我们认识和掌握有机反应规律提供了依据，完成了**从特殊到一般**这种认识上的飞跃。

依据辩证唯物论的认识论，**一个正确的认识，往往需要经过实践、认识、再实践、再认识这种多次的反复才能够完成**。在机理解析的过程中，由于这种再认识、再实践多次的反复不够，认识的局限性也就不可避免。我们有责任在前辈们的基础上再实践、再认识，以逐步完善机理解析的理论与方法。

本书选择了"Jie Jack Li: Name Reactions A Collection of Detailed Mechanisms（2nd edition）"书中部分实例进行再讨论、再解析，旨在使机理解析理论更完善、更规范、更准确，为广大读者提供学习和理解机理解析理论的平台，共同为我国化学工业的发展而努力。

受本书作者理论水平的局限，也受我们再实践、再认识这种多次的反复不够，书中存在不足之处，恳请和感谢各位读者指出与纠正。

在本书起草过程中，得到了中国医药工业研究总院领导及广大研究人员的支持与帮助。上海医药工业研究院研究生冯卫东、祝士国、江锣斌、王宏毅为本书编写做了大量工作，在此一并表示感谢！

陈荣业　张福利
2020 年 8 月

专有术语、特殊符号、颜色标注的说明

1. 有机反应的两种类型：独对电子转移的反应与单电子转移的反应。
2. 独对电子转移的反应：极性反应与多对电子协同转移的反应。
3. 极性反应由三个要素构成：亲核试剂、亲电试剂与离去基。
4. 亲核试剂：带有独对电子的富电体。利用其独对电子进入亲电试剂的空轨道而成键。
5. 亲电试剂：具有空轨道或能腾出空轨道的缺电体。利用其空轨道接受独对电子成键。
6. 离去基：相对较大的电负性基团。能从亲电试剂上带着一对电子离去，腾出空轨道。
7. 多对电子的协同迁移：指在四至六元环内，二至三对电子的同步转移，是几个离去基同时转化成亲核试剂的过程。
8. 单电子转移的反应：自由基反应与金属外层自由电子转移的反应。
9. 单电子转移的方向：单电子只能转移至缺电子的轨道。
10. 弯箭头的意义：代表一对电子转移。起始点表示独对电子的初始位置，弯曲方向（即曲线包围的部分）表示共价键上独对电子所归属的原子方向，终点表示独对电子成键位置或空轨道位置。
11. 鱼钩箭头的意义：表示单电子转移（single electron transfer, SET）。起始点与终点分别代表单电子初始与终到位置，标明 SET 的表示单个自由电子转移，未标明 SET 的表示原子或基团随同单电子转移。
12. 虚线弯箭头的意义：常用于中间状态的描述，它象征性地表示半对电子（并非单电子）的转移，相当于半个化学键的转移。
13. 虚线化学键的意义：粗虚线表示半成键的状态，细虚线表示原子间的氢键。
14. 红色标注的两种意义：一是表示错误结构或错误标注；二是表示亲电试剂（E）。
15. 蓝色标注的两种意义：一是表示本书作者的修改意见；二是表示亲核试剂（Nu）。
16. 绿色标注的两种意义：一是表示另外可能的机理解析；二是表示离去基（Y）。

缩写词和首字母缩写词

Ac	乙酰基
Ar	aryl（芳基）
B	碱
BINAP	2,2-*bis*（diphenylphosphino）-1,1′-binaphthyl（2,2′-双二苯膦-1,1′-联萘）
Bn	benzyl（苄基）
Boc	*tert*-butyloxycarbonyl（叔丁氧羰基）
Bz	benzoyl（苯甲酰基）
t-Bu	*tert*-butyl（叔丁基）
Cat	催化剂
Cbz	benzyloxycarbonyl（苄氧羰基）
Conc	（浓）
Cy	cyclohexyl（环己基）
dba	dibenzylideneacetone（二亚苄基丙酮）
dppb	1,4-*bis*（diphenylphosphino）butane[1,4-双（二苯基膦）丁烷]
dppf	1,10-*bis*（diphenylphosphino）ferrocene[1,1′-双（二苯基膦）二茂铁]
DCC	1,3-dicyclohexylcarbodiimide（1,3-双环己基碳二亚胺）
DMAP	N,N-dimethylaminopyridine（N,N-二甲氨基吡啶）
DMF	dimethylformamide（二甲基甲酰胺）
DMS	dimethylsulfide（二甲基硫醚）
DMSO	dimethylsulfoxide（二甲亚砜）
ee	对映体过量
ene 反应	Alder-ene 反应或烯反应
LDA	lithium diisopropylamide（二异丙基氨基锂）
m-CPBA	*m*-chloroperoxybenzoic acid（间氯过氧苯甲酸）

NCS	*N*-chlorosuccinimide（*N*-氯代丁二酰亚胺）
NMM	4-methylmorpholine（*N*-甲基吗啡啉）
NMO	4-methylmorpholine *N*-oxide（*N*-甲基-*N*-氧化吗啉）
Py	pyridine（吡啶）
reflux	（回流）
SET	single electron transfer（单电子转移）
S_N1	单分子亲核取代
S_N2	双分子亲核取代
THF	tertrahydrofuran（四氢呋喃）
Tf	trifluoromethanesulfonyl（triflyl）（三氟甲磺酰基）
TFA	trifluoroacetic acid（三氟乙酸）
TFAA	trifluoroacetic anhydride（三氟乙酸酐）
TMS	trimethylsilyl（三甲基硅基）
Ts（tosyl）	tosylate（对甲苯磺酰基）
Tol	toluene or tolyl（甲苯或甲苯基）

目 录

1. 异常 Claisen 重排 ································ 001
2. Alder 反应 ······································· 003
3. Angeli-Rimini 异羟肟酸合成 ···················· 005
4. ANRORC 机理 ···································· 007
5. Arndt-Eistert 同系化反应 ························ 009
6. Auwers 反应 ······································ 013
7. Baeyer-Villiger 氧化 ····························· 015
8. Baeyer-Drewson 靛蓝合成 ······················ 017
9. Bamford-Stevens 反应 ··························· 019
10. Bargellini 反应 ··································· 022
11. Bartoli 吲哚合成 ································· 024
12. Birch 还原 ·· 026
13. Bischler-Möhlau 吲哚合成 ······················· 028
14. Blaise 反应 ······································· 030
15. Blanc 氯甲基化反应 ····························· 032
16. Bouveault 醛合成 ································ 034
17. Boyland-Sims 氧化 ······························ 036
18. Brown 硼氢化反应 ······························· 038
19. Bucherer 咔唑合成 ······························· 040
20. Bucherer 反应 ···································· 042
21. Buchner-Curtius-Schlotterbeck 反应 ··········· 044

22. Buchner 扩环法 …………………………… 048
23. Buchwald-Hartwig 反应 …………………… 050
24. Burgess 脱水剂 ……………………………… 052
25. Cadiot-Chodkiewicz 偶联 ………………… 054
26. Castro-Stephens 偶联 ……………………… 056
27. Chapman 重排 ……………………………… 058
28. Chichibabin 氨基化 ………………………… 060
29. Chichibabin 吡啶合成 ……………………… 061
30. Corey-Fuchs 反应 …………………………… 063
31. Corey-Kim 氧化反应 ……………………… 065
32. Corey-Winter olefin 烯烃合成 …………… 067
33. Cornforth 重排 ……………………………… 069
34. Griegee 臭氧化反应 ………………………… 071
35. Curtius 重排 ………………………………… 073
36. Dakin 反应 …………………………………… 076
37. Dakin-West 反应 …………………………… 078
38. Danheiser 成环反应 ………………………… 080
39. Davis 手性氮氧环丙烷试剂 ………………… 082
40. De Mayo 反应 ……………………………… 084
41. Demjanov 重排 ……………………………… 086
42. Dess-Matin 过碘酸酯氧化 ………………… 088
43. Dienone-phenol rearrangement
    二烯酮-酚重排 …………………………… 090
44. Doering-La Flamme 丙二烯合成 ………… 092
45. Dornow-Wiehler 异噁唑合成 ……………… 094

46. Dutt-Wormall 反应 …… 096
47. Eglinton 反应 …… 099
48. Eschenmoser 偶联反应 …… 100
49. Eschenmoser-Tanabe 碎片化 …… 103
50. Étard 反应 …… 105
51. Favoskii；Quasi-Favoskii 重排 …… 107
52. Feist-Bénary 呋喃合成 …… 109
53. Fischer-Hepp 反应 …… 111
54. Fleming 氧化 …… 113
55. Glaser 偶联 …… 116
56. Grignard 反应 …… 118
57. Guareschi-Thorpe 缩合反应 …… 120
58. Hantzsch 吡啶合成 …… 122
59. Hantzsch 吡咯合成 …… 125
60. Haworth 反应 …… 127
61. Heck 反应 …… 129
62. Hegedus 吲哚合成 …… 131
63. Herz 反应 …… 133
64. Henry（硝醇）反应 …… 135
65. Hiyama 交叉偶联反应 …… 137
66. Hoch-Compbell 氮杂环丙烷合成 …… 139
67. Hodges-Vedejs 噁唑合成反应 …… 141
68. Hofmann 重排 …… 144
69. Hooker 氧化 …… 146
70. Horner-Wadsworth-Emmons 反应 …… 149

71.	Hunsdiecker 反应	151
72.	Keck 大环内酯化	153
73.	Kennedy 氧化周环反应	156
74.	Kharasch 加成反应	159
75.	Kumada 交叉偶联反应	161
76.	Larock 吲哚合成	164
77.	Liebeskind-Srogl 偶联	167
78.	Lossen 重排	169
79.	Luche 还原	171
80.	McFadyen-Stevens 反应	173
81.	Madelung 吲哚合成	175
82.	Meerwein 芳基化反应	177
83.	Meinwald 重排	179
84.	Meisenheimer 络合物	181
85.	Meisenheimer 重排	184
86.	Miyaura 硼化反应	185
87.	Moffatt 氧化	187
88.	Mori-Ban 吲哚合成	189
89.	Nametkin 重排	191
90.	Nazarov 环化	193
91.	Neber 重排	195
92.	Nef 反应	197
93.	Negishi 交叉偶联	199
94.	Nenitzescu 吲哚合成	201
95.	Noyori 不对称氢化	204

96. Nozaki-Hiyama-Kishi 反应 …………… 207
97. Passerini 反应 …………………………… 210
98. Pechmann 缩合 …………………………… 212
99. Pechmann 吡唑合成 ……………………… 214
100. Perkow 反应 ……………………………… 216
101. Pfau-Plattner 薁合成 …………………… 218
102. Pfitzinger 喹啉合成 ……………………… 220
103. Pinacol 重排 ……………………………… 222
104. Pinner 合成 ……………………………… 223
105. Polonovski 反应 ………………………… 226
106. Polonovski-Potier 反应 ………………… 228
107. Prévost trans 二羟基化 ………………… 230
108. Prilezhaev 反应 ………………………… 232
109. Prins 反应 ………………………………… 234
110. Pschorr 闭环 ……………………………… 236
111. Pummerer 重排 …………………………… 238
112. Ramberg-Bäcklund 烯烃合成 …………… 240
113. Reformatsky 反应 ………………………… 242
114. Regitz 重氮盐合成 ……………………… 244
115. Reimer-Tiemann 反应 …………………… 248
116. Reissert 醛合成 ………………………… 250
117. Riley 氧化 ………………………………… 252
118. Rosenmund 还原 ………………………… 254
119. Rubottom 氧化 …………………………… 256
120. Sandmeyer 反应 ………………………… 258

121. Sarett 氧化 …… 259
122. Schiemann 反应 …… 261
123. Schmidt 反应 …… 263
124. Schmidt 苷化反应 …… 265
125. Shapiro 反应 …… 268
126. Sharpless 不对称羟胺化 …… 270
127. Sharpless 不对称环氧化 …… 273
128. Sharpless 二羟基化 …… 276
129. Shi 不对称环氧化 …… 279
130. Simmons-Smith 反应 …… 282
131. Simonisni 反应 …… 284
132. Skraup 喹啉合成 …… 286
133. Sommelet 反应 …… 288
134. Sonogashira 反应 …… 290
135. Staudinger 反应 …… 293
136. Stetter 反应 …… 295
137. Stevens 重排 …… 298
138. Stieglitz 重排 …… 300
139. Still-Gennari 膦酸酯反应 …… 302
140. Stille 偶联 …… 304
141. Stille-Kelly 反应 …… 306
142. Suzuki 偶联 …… 308
143. Swern 氧化 …… 310
144. Tamao-Kumada 氧化 …… 312
145. Tebbe 烯烃化 …… 314

146. Tishchenko 反应 …………………………………… 316
147. Tsuji-Trost 反应 …………………………………… 318
148. Ugi 反应 …………………………………………… 320
149. Ullmann 反应 ……………………………………… 322
150. Wacker 氧化 ……………………………………… 324
151. Wallach 氧化 ……………………………………… 326
152. Willgerodt-Kindler 反应 ………………………… 328
153. Wittig 反应 ………………………………………… 331
154. Wolff 重排 ………………………………………… 333
155. Woodward 顺二羟基化反应 …………………… 335
156. Wurtz 反应 ………………………………………… 337
157. Zaitsev 消除 ……………………………………… 338

1. 异常 Claisen 重排

这是分子内的异构重排过程：

现有文献将异常 Claisen 重排反应机理解析为：

上述机理解析式存在如下可商榷之处：

一是**反应的命名过多过复杂**。此反应是三个 σ 迁移反应的串联过程，分别命名为 [3,3]-σ 重排、H 原子迁移和 [1,5]-H 原子迁移。而这三个 σ 迁移在反应原理上并无任何区别与差异，而过多地使用名词毫无益处，只能使得问题复杂化并为读者理解带来困难。对于六元环内三对电子的协同迁移，**本书抽象地采用 [3,3]-σ 迁移同一概念**，表示六元环内三对电子协同转移到三个位置，这样更容易被读者理解与掌握。

二是**代表一对电子转移的弯箭头的弯曲方向表述不够准确**。弯箭头的起始点、终点与弯曲方向均是电子转移表达的要素，通过这些要素便能够判别产物结构。而在此机理解析过程中，无论是自 A 至 B 过程还是自 C 至 D 过程，均出现了弯箭头逆时针与顺时针的方向性错误。由这些错误的电子转移过程表述，只能推断出错误的分子结构。

三是自 A 至 B 过程中 [3,3]-σ 迁移的方向不对。即便是三对电子的协同转移，也必须遵循极性反应三要素的一般规律，即分清环内六个原子的带电性质。在 A 分子内，氧原子毫无疑问是电负性最大的原子，它只能作为离去基得到电子后转化成亲核试剂再与缺电体亲电试剂成键。而现有的机理解析将其放在先失电子再得电子的缺电体-亲电试剂位置上，这颠倒了富电体-亲核试剂与缺电体-亲电试剂的位置，颠倒了电负性大小的排序。

此处必须注意：**先得电子后再与缺电体成键是较大电负性基团的基本属性，属于离去基转化为亲核试剂的性质。而先失电子后再接受富电体上独对电子成键是较小电负性基团的基本属性，属于亲电试剂的性质。**

综合如上讨论，将此异常 Claisen 重排反应机理重新解析如下：

这样，既抽象地简化了反应的命名，又规范了弯箭头弯曲方向及其意义，并清楚地体现了各个原子所具有的带电性质，符合电子转移的一般规律，符合极性反应三要素的一般原理。

◆ 参考文献 ◆

[1] Hansen H J. In Mechanisms of Molecular Migrations, vol 3, Thyagarajan B S ed. New York: Wiley-Interscience, 1971: 177-200.(Review)

[2] Kilenyi S N, Mahaux J M, Van Durme E. J Org Chem, 1991, 56: 2591.

[3] Fukuyama T, Li T, Peng G. Tetrahedron Lett, 1994, 35: 2145.

2. Alder 反应

这是缺电烯烃与富电烯烃在烯丙位的加成反应：

现有文献将 Alder 反应的机理解析为：

反应命名应该简化、抽象。这是个三对电子的协同迁移过程，此类反应甚多，且并不存在反应原理上的差异，因而没必要给予过多的分类并引用过多的名称。文献中对于此反应命名为烯反应，还是抽象地命名为 [3,3]-σ 迁移更好，表示三对电子协同地迁移到另外三个位置。

在两个分子六个原子的六元环内，化学键上独对电子的转移并非没有方向，它必须遵循电子转移的客观规律。既然 B 分子为亲电试剂，则 A 结构就应该是亲核试剂，而恰恰烯烃的端点为富电体 - 亲核试剂，而其烯丙位上的 α- 氢为缺电体 - 亲电试剂。由此可见，现有机理解析式颠倒了亲核试剂与亲电试剂的位置，它所标注的负氢转移过程显然不合理。

将现有解析式改成下式，才体现出电子转移的客观规律：

由此可见，**只有富电体才可能处于亲核试剂的位置，缺电体只能处于亲电试剂的位置**，独对电子转移的反应必须遵循这样的规律。分子内各原子上的电荷分布，是机理解析的理论基础。

◆ 参考文献 ◆

[1] Alder K, Pascher F, Schmitz A. Ber Dtsch Chem Ges, 1943, 76: 27.
[2] Oppolzer W. Pure Appl Chem, 1981, 53: 1181.
[3] 陈荣业. 有机反应机理解析与应用. 北京：化学工业出版社，2017.

3. Angeli-Rimini 异羟肟酸合成

这是在碱催化条件下，醛与 N-磺酰羟胺反应生成异羟肟酸的过程。

$$Ar-CHO + Ar^1SO_2-NH-OH \xrightarrow{NaOMe} Ar-C(O)-NH-OH$$

现有文献将 Angeli-Rimini 异羟肟酸合成反应的机理解析为：

A →(去质子化) B → D

→(负氢离子迁移) Ar-C(O)-NH-OH (P) + Ar^1-SO_2^-

上述机理解析式在自 D 至 P 过程中未能清楚地标注出 **D 分子内的负氢转移到氮原子上的缺电子重排过程**。而按照机理解析式中弯箭头的弯曲方向，表示的是碳-氢共价键失去质子，而不是氢原子带着一对电子转移到氮原子的过程。

按照 D 分子上弯箭头所标注的电子转移，是不能生成产物 P 的，只能生成如下结构化合物：

Ar-C(O)-NH-OH

显然，按照弯箭头标准所推论的产物结构违背了八隅律原则。规范地解析 Angeli-Rimini 异羟肟酸合成反应机理，自 D 至 P 过程应该修改为：

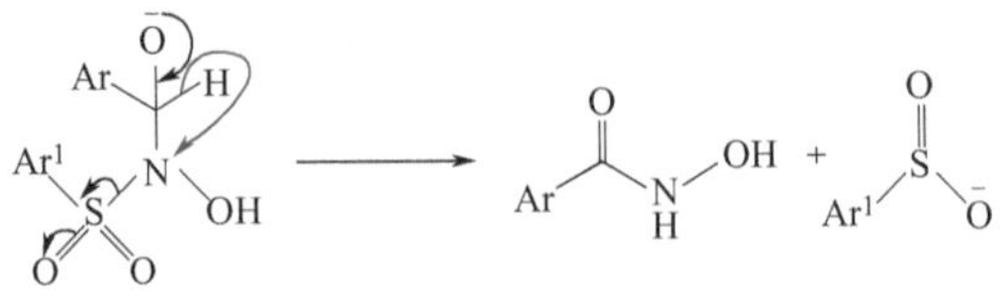

还可以解析成氮烯机理。 由于 B 结构为不稳定结构，N 负离子的电负性显著降低，氮负离子上所具有的高电负性离去基团容易带着一对电子离去而生成氮烯，使得该反应也可能按照卡宾（氮烯）机理进行：

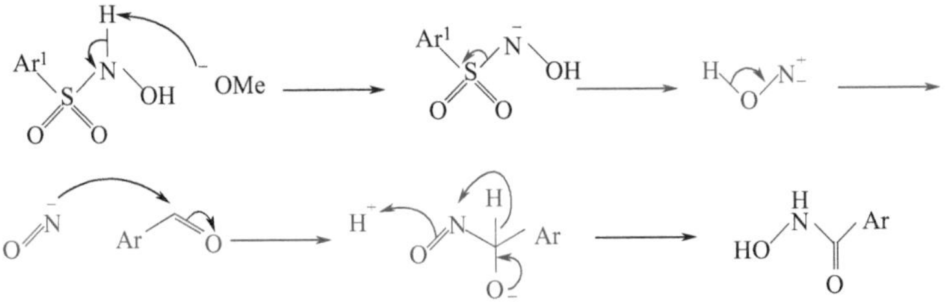

无论哪种反应机理，**负氢转移过程是肯定的，机理解析必须将氢原子带着一对电子转移表述出来。**

◆ 参考文献 ◆

[1] Angeli A. Gazz Chim Ital, 1896, 26（Ⅱ）: 17.
[2] Yale H L. Chem Rev, 1943, 33: 228.

4. ANRORC 机理

这是亲核试剂与缺电芳烃的开环与闭环过程：

现有文献将 ANRORC 反应的机理解析为：

该机理解析式自 B 至 C 过程不妥，显然没有关注 B 分子六元环内各原子上的电荷分布。B 分子上的 N 负离子的电负性显然最低，它只能首先失去共价键上的独对电子。而现有机理解析式中将其视为首先得到电子，再与另一原子成键，这是将氮负离子摆到了强电负性元素的位置，得到电子再作为亲核试剂与亲电试剂成键，这显然不对。

将开环过程分解表述，更能体现电子转移的客观规律。自 B 至 C 过程的反应机理应为：

也可以将 ANRORC 反应的机理解析成 [3,3]-σ 迁移，但必须将原式修改为：

比较两种 [3,3]-σ 迁移的差别。显然，此反应若存在另一副产物，不应感到意外：

参考文献

[1] Lont P J, Van der Plas H C, Koudijs A. Recl Trav Chim Pays-Bas, 1971, 90: 207.
[2] Lont P J, Van der Plas H C. Recl Trav Chim Pays-Bas, 1973, 92: 449.

5．Arndt-Eistert 同系化反应

这是重氮甲烷与酰氯加成、重排生成增加一个碳原子的同系物羧酸的反应。

$$R-COOH \xrightarrow{SOCl_2} R-COCl \xrightarrow[2.\ H_2O,\ h\nu]{1.\ CH_2N_2} R-CH_2-COOH$$

现有文献将 Arndt-Eistert 同系化反应的机理解析为：

副反应：

$$\text{H}_3\text{C-N}^+\equiv\text{N} \text{ (with Cl}^-\text{)} \longrightarrow \text{CH}_3\text{Cl}\uparrow + \text{N}_2\uparrow$$
$$\text{P}_2$$

在烯酮中间体生成阶段，现有机理解析式存在四个问题：

一是重氮甲烷的分子结构。分子结构必须与其物理性质相对应，必须与其化学性质相对应。重氮甲烷的分子量为 42，如若为上述反应机理解析所述的 B 分子结构，其带有的异性双离子结构的分子必然具有相当高的极性，因而必然具有相当高的沸点。这显然与实际情况不符，分子量为 42 的重氮甲烷，其沸点只有 −23℃，远低于分子量相当的乙醇、乙腈，这说明重氮甲烷分子内并不具有异性电荷的离子对，而应为非极性分子，唯有三元环状结构才符合其物理性质，在光照条件下能够生成三线态卡宾就是其分子结构的主要证据之一：

$$\text{三元环 N=N} \xrightarrow{h\nu} \text{H}_2\text{C: + N}_2$$

由于光照是促进共价键均裂的因素，我们可以依此推测重氮甲烷为三元环状结构。

由重氮甲烷分子的碳原子上往往体现为亲核试剂性质，容易推测具有三元环状结构的重氮甲烷不够稳定，容易受外界电场或溶剂作用而极化异构，根据极性反应三要素之间的关系及电子转移规律，存在下述异构循环的可能：

二是重氮化合物异构化后的分子结构。三元环极化异构后生成 D 分子，并不会再异构化生成 E 分子，而应由 D 分子结构直接异构化为 F 结构：

在现有机理解析式中，将 E 与 F 结构看作全相等，显然不准确。因为 E 与 F 的电荷分布完全相反，两种结构中的亲核试剂与亲电试剂位置恰好颠倒。

勿将 E 与 F 结构看作能够直接相互转化的两种共振形式：

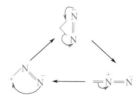

这完全不可能。因为共振是分子内的极性反应，它也必须遵循三要素的基本规律。这里氮正离子没有空轨道也不能腾出空轨道，并非亲电试剂而是离去基，不可能发生如上形式的共振异构。

即便两种能够相互转化也必然要经过三元环结构的中间态：

我们采用反证法假设 E 分子结构存在，则其 N 负离子显然是亲核试剂，而与氮正离子成双键的碳原子则是亲电试剂，但此种性质尚未得到实验结果的验证，实际情况与此恰好相反，由此证明 E 分子结构并不存在。

三是卡宾重排只能由 G 结构的单线态卡宾完成。一旦 G 结构的单线态卡宾衰减为 H 结构的三线态卡宾，就不可能发生分子内的卡宾重排反应了，因为三线态卡宾的两个电子分别处在同一原子的两个不同的轨道，它们不属于独对电子，因而也就不可能存在独对电子的转移。换句话说，只有单线态卡宾才可能发生卡宾重排，而认为三线态卡宾能发生卡宾重排是不合逻辑的。

四是卡宾重排的电子转移标注错误。现有的机理解析式中，并未标注出烷基带着一对电子迁移。按照现有机理解析的电子转移标注，不可能生成烯酮中间体，只能生成如下荒唐的结构：

综合如上讨论，将 Arndt-Eistert 同系化反应生成烯酮中间体阶段重新解析如下：

这是典型的卡宾重排机理。也可将卡宾重排机理的最后步骤，视作缺电子重排，然后再生成烯烃，这样就将电子转移过程表述得更加清楚了。

◆ 参考文献 ◆

[1] Arndt F, Eistert B. Ber Dtsch Chem Ges, 1935, 68: 200.
[2] Podlech J, Seebach D. Angew Chem Int Ed, 1995, 34: 471.

6．Auwers 反应

这是 2-溴-2-（α-溴苄基）苯并呋喃酮，经碱的醇溶液催化生成黄酮醇的反应。

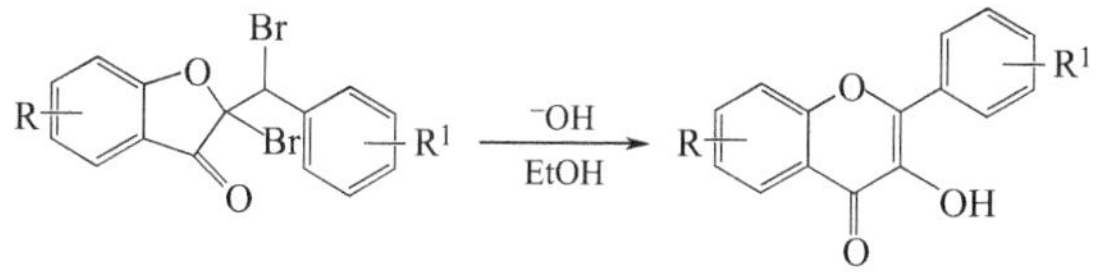

现有文献将 Auwers 反应的机理解析为：

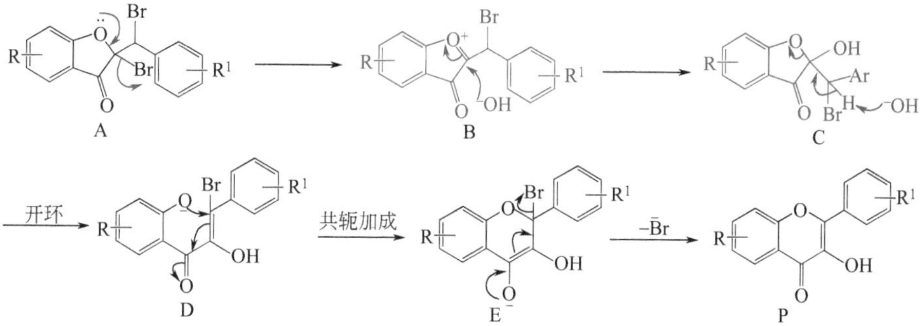

此机理解析式的第一步就错了。在自 A 至 B 的过程中，将反应视为分子内反应，**将醚键氧原子上独对电子视作亲核试剂，这颠倒了反应体系内亲核试剂的活性次序**。醚键上的独对电子虽具有亲核性，但其亲核活性极弱，仅能与具有空轨道的亲核试剂成键，并不具备取代卤原子的能力。

我们假设原有机理解析正确。以虚线弯箭头表述半对电子转移，则此反应进行到中间状态，即氧原子带有部分正电荷之后就不能再进行下去了，而只能返回到初始的原料状态，即本反应是不可能生成产物的。

显然，自 A 至 B 过程是亲核试剂选择不对。碱无疑是反应体系内最强的亲核试剂，而只有最强的亲核试剂才能优先与亲电试剂成键。

Auwers 反应机理解析必须符合亲核试剂的活性次序，反应机理应该改为：

这才与亲核试剂的活性次序相符，这符合极性反应的基本原理与规律。

◆ 参考文献 ◆

[1] Auwers K. Ber Dtsch Chem Ges,1908, 41: 4233.
[2] Bird C W, Cookson R C. J Org Chem, 1959, 24: 441.

7．Baeyer-Villiger 氧化

这是将酮类化合物用过氧化羧酸或双氧水氧化成酯的反应：

一个典型的实例为：

现有文献对于 Baeyer-Villiger 氧化反应的机理解析为：

本机理解析式在自 D 至 P 部分值得推敲。

一是用五个弯箭头同时转移来表述自 D 至 P 反应过程过于抽象。这种不分次序的电子转移表述使读者难以理解该过程的原理。应将该过程解析成标准的缺电子重排机理，如果不能将生成的空轨道直接地表示出来，就难以想象成缺电子重排的标准模式。故应将自 D 至 P 过程拆解成两步，首先生成 M。

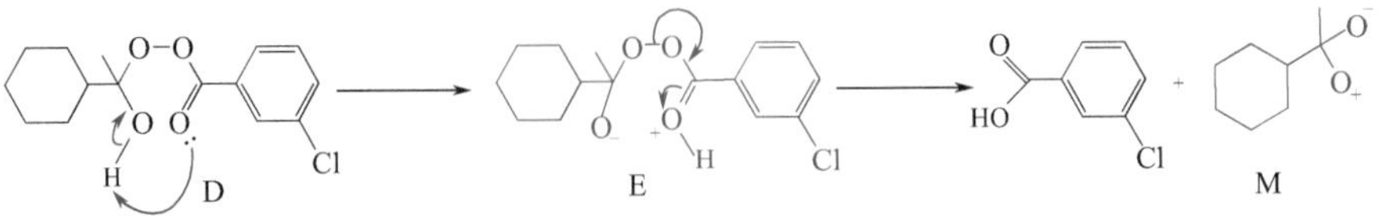

二是表述烷基迁移过程电子转移的弯箭头方向错误。烷基是带着一对电子离去的，而现有解析则刚好相反。自 M 至 P 过程应这样解析：

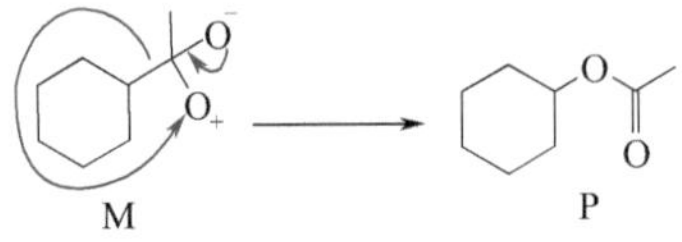

如此新解的反应机理，将原有反应机理分解成两部分，增加了中间体 M 状态，反应原理便更清晰了，成了标准化的缺电子重排反应机理。

特别提示：在过氧羧酸的分子结构中，间氯苯甲酸是最具活性的氧化试剂之一。其原因是氯原子的间位为最缺电的位置，其吸电子能力较强，羧基便更容易从氧原子上带着一对电子离去，从而生成具有空轨道的氧正离子亲电试剂。

◆ 参考文献 ◆

[1] Baeyer, A, Villiger V. Ber Dtsch Chem Ges, 1899, 32: 3625-3633.
[2] Krow G R. Tetrahedron, 1981, 37: 2697.

8. Baeyer-Drewson 靛蓝合成

这是邻硝基苯甲醛与丙酮在碱催化条件下的缩合、重排反应。

现有文献对于 Baeyer-Drewson 靛蓝合成反应的机理解析为:

本机理解析式自 D 至 G 部分不合理。

在 D、E 的分子结构上，亲电试剂与离去基判断错误，两者颠倒。 N 正离子的电负性是最大的，并不带有空轨道，也不具有腾出空轨道而成为缺电体亲电试剂的条件，N 正离子凭其超大的电负性只能成为离去基。而受 N 正离子较强电负性的影响，氮-氧双键上氧原子上的 π 键电子对偏向于电负性更大的 N 正离子，显然双键氧原子相对缺电，应为亲电试剂。经加成、消除及分子内氧化还原反应生成亚硝基中间体，再经后续反应生成 G。

本机理自 D 至 G 阶段重新解析如下：

参考文献

[1] Baeyer A, Drewson V. Ber Dtsch Chem Ges, 1882, 15: 2856.

[2] Friedlander P, Schenck O. Ber Dtsch Chem Ges, 1914, 47: 3040.

9. Bamford-Stevens 反应

这是对甲苯磺酰偶氮化合物在碱催化下分解，生成烯烃的反应。

现有文献将 Bamford-Stevens 反应的机理解析为：

在质子性溶剂中：

在非质子性溶剂中：

本机理解析式有三个环节值得商榷：

一是用 C 结构表示重氮化合物不合理，自 B 至 C 的两对电子协同转移更不合理。因为分子结构决定了各原子的电荷分布，因而决定了基团内不同原子的化学性质。就分子结构 C 来说，其端点的 N 负离子显然为亲核试剂，中间的 N 正离子为离去基，而与 N 正离子成 π 键的碳原子是缺电体亲电试剂，而这恰恰与其实际反应过程中基团内各原子的功能相反。

故中间体的结构应该是 D 结构而不是 C 结构，且自 B 至 C 过程中两对电子的协同迁移本身也不合理。其生成的机理应该修改为：

另一种重氮盐生成机理仍有可能。由于 B 结构上氮负离子的电负性显著下降，则对甲苯磺酰基可能带着一对电子离去而生成氮烯中间体，经分子内重排生成重氮盐结构。

二是现有机理自 C 至 D 过程或至 C 至 E 过程所描述的重氮盐的共振过程不合理。因为分子内的共振就是分子内的化学反应，不能违反极性反应三要素的基本规律。而现有机理解析将 N 正离子解析成亲电试剂，而将与其成键的 π 键碳原子亲电试剂解析成了离去基，这本身颠倒了亲电试剂与离去基的功能，因而不合逻辑。自 C 至 D 过程不存在，自 C 至 E 过程也不存在。如果 C 存在，也必须按照极性反应三要素的规律，经过三元环中间态，才有可能相互转化。

无论在哪种溶剂中，N 正离子均具有较大的电负性，因而总是离去基，与其成键的双键碳原子只能是亲电试剂，显然这里颠倒了亲电试剂与离去基的功能，因而不合逻辑。

三是 I 结构解析错误。 自 E 至 I 过程是氮气带着一对电子离去的，只能生成单线态卡宾。而原有机理解析中的 I 结构为三线态卡宾，它具有双自由基结构，并不具有独对电子也不具有空轨道，分子内既不具有亲核试剂也不具有亲电试剂，而只有单线态卡宾上的空轨道才能接受一对独对电子成键。

$$\underset{\underset{R^3}{|}}{\overset{\overset{R^1}{|}}{R^2-\overset{|}{C}-\overset{-}{\underset{H}{C}}-N\equiv N}} \longrightarrow \underset{\underset{H}{|}}{\overset{\overset{R^1}{|}}{R^2-\overset{|}{C}-\overset{+}{\underset{R^3}{C}}}} \longrightarrow \underset{R^3}{\overset{R^1}{\underset{|}{R^2}}}C=\overset{-}{C}\overset{H^+}{\curvearrowleft} \longrightarrow \underset{R^3}{\overset{R^1}{\underset{|}{R^2}}}C=C\overset{H}{\underset{H}{|}}$$

显然，反应机理可能有不同的解析，但必须遵循极性反应三要素的基本概念，必须遵循电子转移的基本规律。

◆ 参考文献 ◆

[1] Bamford W R, Stevens T S M. J Chem Soc, 1952: 4735.
[2] Shapiro R H. Org React, 1976, 23: 405.

10. Bargellini 反应

这是从 2-氨基-2-甲基丙醇或 1,2-二氨基丙烷与丙酮反应合成相应有位阻的吗啉酮、哌啶酮的反应。

现有文献将 Bargellini 反应机理解析为：

可将本机理解析式划分成两个阶段：环氧丙烷中间体 D 的生成阶段与产物 P 的生成阶段。

中间体 D 的生成应该存在另一个反应机理，因为二氯卡宾的生成不可避免。

自 D 至 P 的机理解析不合理，它既颠倒了两个亲核试剂的活性次序，也颠倒了两个亲电试剂的活性次序。亲核试剂的 X 无论代表 O 还是代表 NH

的负离子，其亲核活性均强于叔胺类，双氯碳原子的亲电活性也强于双甲基碳原子的亲电活性。

故产物 P 的生成反应机理应改为：

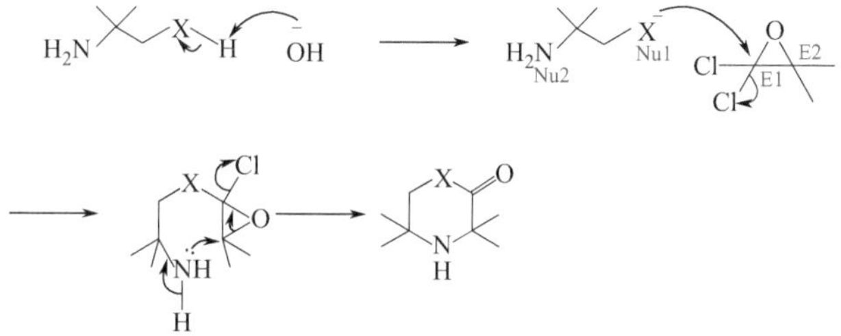

只有这样，才能体现出两个亲核试剂与两个亲电试剂的活性次序，才符合极性反应三要素的动力学规律。

参考文献

[1] Bargellini G. Gazz Chim Ital, 1906, 36: 329.
[2] Lai J T. J Org Chem, 1980, 45: 754.
[3] 陈荣业. 分子结构与反应活性. 北京：化学工业出版社，2008：148.

11. Bartoli 吲哚合成

这是邻位取代硝基苯与格氏试剂制备 7-取代吲哚的过程：

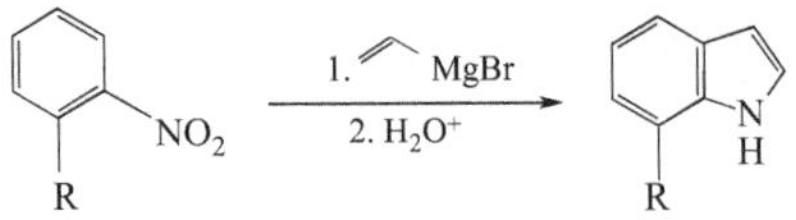

现有文献将 Bartoli 吲哚合成的反应机理解析为：

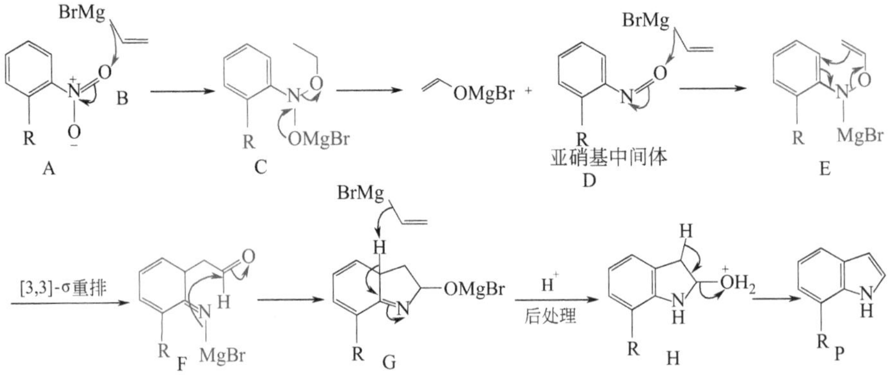

此机理解析可划分成两个阶段：亚硝基中间体 D 的合成阶段与产物 P 的合成阶段。

在亚硝基中间体 D 的合成阶段，A 与 B 成键生成 C 的电子转移标注明显错误，应该纠正为：

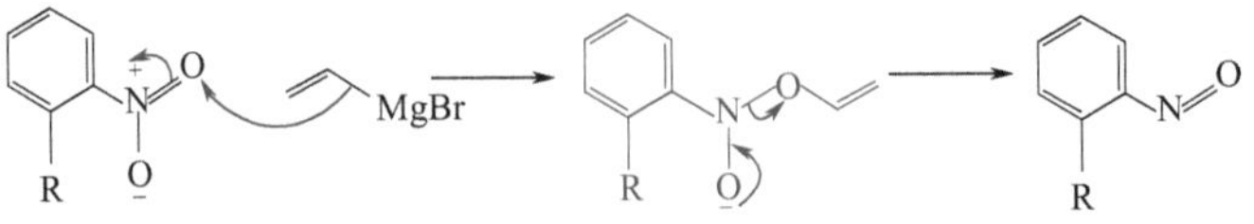

从亚硝基中间体 D 合成产物 E 阶段，颠倒了亲电试剂与离去基的功能。
因此后续的机理解析便没有了意义，因为 E 结构根本不可能生成。

亚硝基上的 N 原子才是亲电试剂。故由亚硝基中间体 D 与乙烯基格氏试剂合成产物 P 的阶段，应该按照如下机理进行：

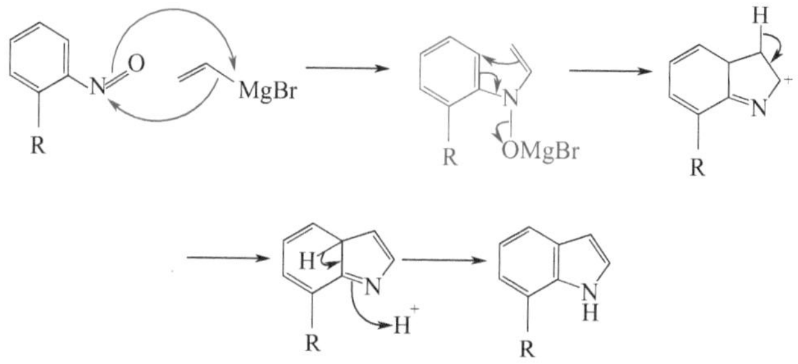

由亚硝基中间体 D 与乙烯基格氏试剂合成产物 P 的阶段，**按照 [3,3]-σ 重排反应机理进行也有可能**，此种情况往往具有相对较低的活化能：

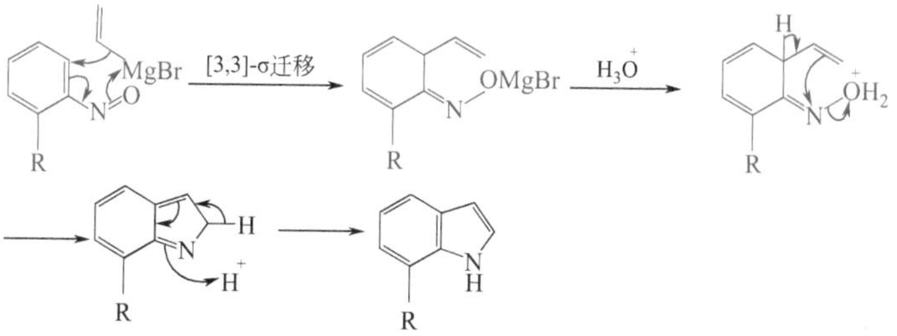

特别提示：在上述反应机理解析过程中，**硝基与亚硝基上的亲电试剂位置不同。硝基 π 键上的 O 原子为亲电试剂，而亚硝基 π 键上 N 原子为亲电试剂**。显然这是由各个原子上所带电子云密度决定的。

◆ 参考文献 ◆

[1] Bartoli G, Leardini R, Medici A, et al. J Chem Soc, Perkin Trans 1, 1978: 692-696.
[2] Bartoli G, Bosco M, Dalpozzo R, et al. J Chem Soc, Chem Commun, 1988: 807.

12. Birch 还原

这是金属钠在液氨或醇中，其外层自由电子对芳环的还原反应。此种还原反应产物与取代基的电子效应相关。

带有供电取代基的苯环，还原反应为：

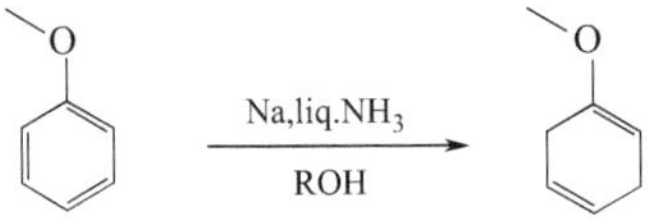

现有文献对于带有供电取代基的苯环上 Birch 还原反应的机理解析为：

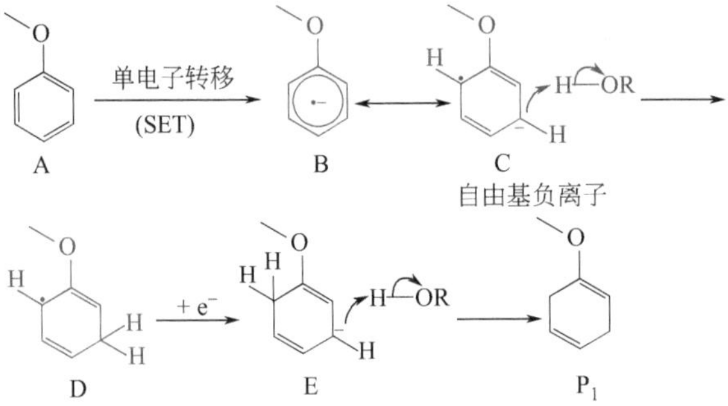

上述解析式的自 A 至 C 阶段，并未标明单电子的转移过程，B 化合物本身也是模糊的结构，生成 C 结构的原理也没有揭示出来，因而需要补充与完善。该过程的反应机理重新解析为：

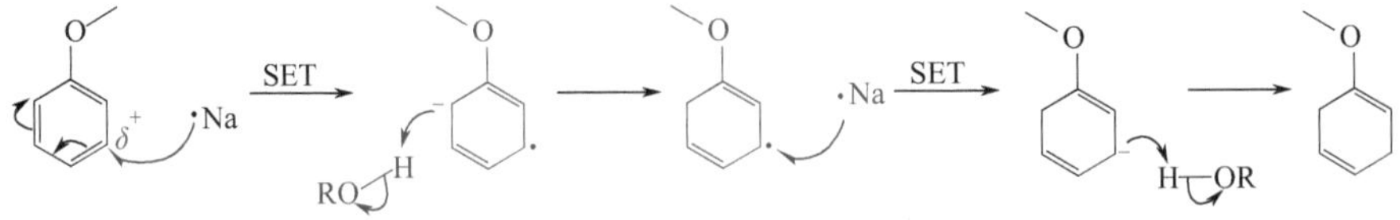

这才清楚表明了芳环上供电取代基的间位是缺电的位置，因而首先获得自由电子，这就是间位还原的原因。

而带有吸电取代基的苯环，还原反应为：

$$\text{PhCOOH} \xrightarrow[\text{ROH}]{\text{Na,liq.NH}_3} \text{2,5-二氢苯甲酸}$$

由于此类吸电基的对位为缺电的位置，因而带有部分正电荷，这正是自由电子的接受位置。具体机理参照前述原理，请读者自行解析。

◆ 参考文献 ◆

[1] Birch A J. J Chem Soc, 1944: 430-436.
[2] Birch A. J Pure Appl Chem, 1996, 68: 553-556.

13. Bischler-Möhlau 吲哚合成

这是 2-溴-1-苯乙酮与过量苯胺生成 2-苯基吲哚的过程：

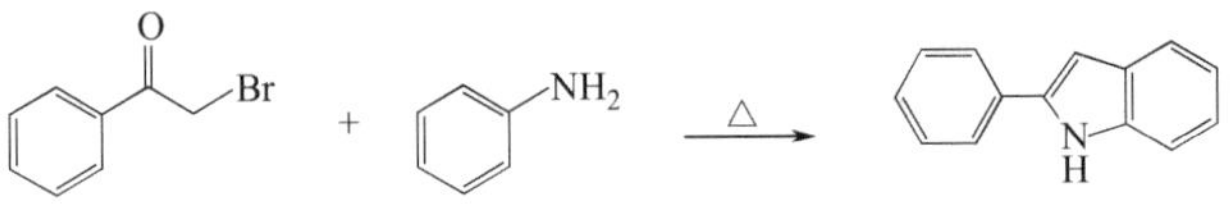

现有文献将 Bischler-Möhlau 吲哚合成反应机理解析为：

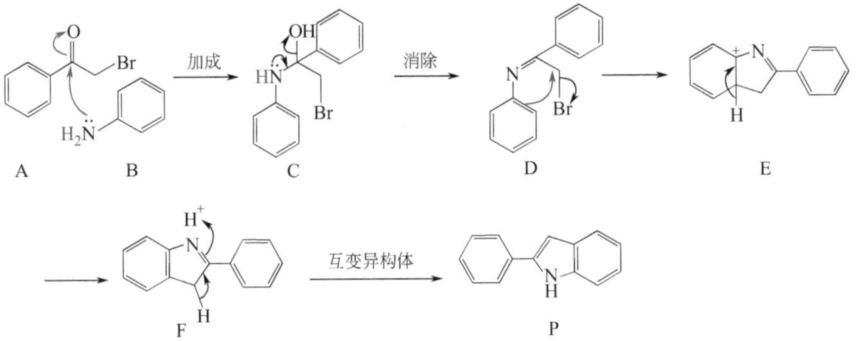

上述机理解析式存在两个错误：

一是 A 分子上的亲电试剂活性排序与选择错误。此结构上与溴成键的碳原子才是最强的亲电试剂，是优先接受苯胺氮原子上独对电子成键的。而羰基碳原子的亲电活性位居其次，这是由于苯环与羰基共轭，使得芳烃向羰基供电的缘故。

二是受亲电试剂活性排序错误的影响，未能解释反应的必要条件是苯胺过量。这显然与该反应的前提条件矛盾。

还有若干不规范之处。如：作为含有活泼氢亲核试剂的苯胺，在与亲电试剂成键过程中也应该协同地收回其与活泼氢成键的一对电子，自 D 至 E 过程代表一对电子转移的弯箭头弯曲方向错误等。

13. Bischler-Möhlau吲哚合成

Bischler-Möhlau吲哚合成反应机理重新解析为：

这才解释了苯胺过量的原因，才体现出了 A 分子上亲电试剂的活性次序。

◆ 参考文献 ◆

[1] Möhlau R. Ber Dtsch Chem Ges, 1881, 14: 171-175.
[2] Bischler A, Fireman P. Ber Dtsch Chem Ges, 1893, 26: 1346-1349.

14. Blaise 反应

这是 α- 卤代酯与金属锌生成锌试剂后与氰基的加成反应：

$$R-CN + \underset{R^1}{\underset{|}{Br-CH}}-COOR^2 \xrightarrow[2.\ H_3O^+]{1.\ Zn, THF, 回流} \underset{R^1}{\underset{|}{R-CO-CH}}-COOR^2$$

现有文献将 Blaise 反应机理解析为：

（A: α-溴代酯 → Zn(0) → B: 烯醇锌中间体 → 亲核加成（与 R—C≡N） → D: 亚胺锌中间体 → 后处理 → E: 质子化亚胺 → F: 氨基醇中间体 → P: β-酮酯产物）

这个机理解析不规范之处过多。几乎汇集了所有常见的不规范问题。

一是自 A 至 B 阶段未见电子转移的标注；

二是自 A 至 B 阶段并非基元反应，而是多步反应的串联，相当于机理解析并未完成；

三是表示 B 与 C 成键的独对电子转移的弯箭头弯曲方向错了；

四是自 D 到 E 阶段的后处理步骤表述不完整；

五是自 E 至 F 阶段，在含有活泼氢亲核试剂上，与活泼氢成键的独对电子没有协同收回；

六是自 F 至 P 阶段缺少氨基质子化过程。

这些不规范的机理解析，并非小节问题，而是违背了化学反应的基本原理，模糊了本来清晰的化学反应基本规律，容易由此导致读者的误解。

将 Blaise 反应机理规范地重新解析如下：

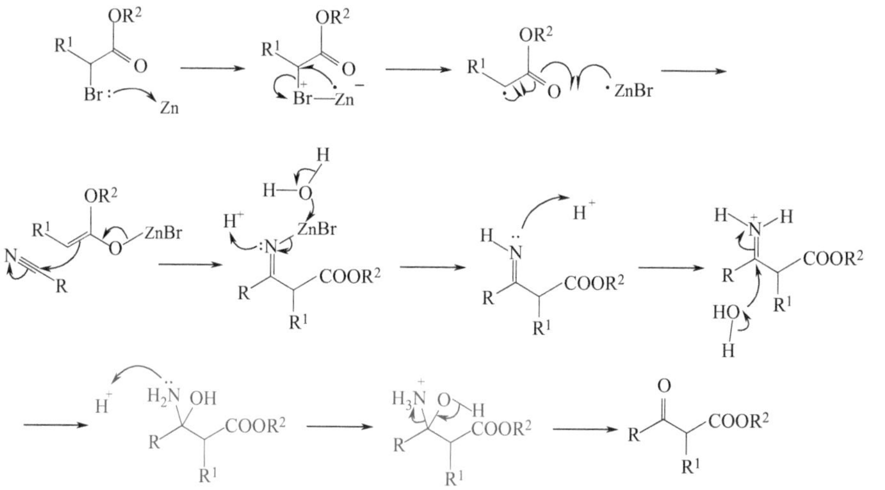

由 α- 卤代酯与金属锌生成金属锌试剂的反应，也不必表述自由基与羰基 π 键的共振，而直接表示成 α 位的金属锌试剂则更简单，两者的应用也没有区别。反应机理也可以按下式表述：

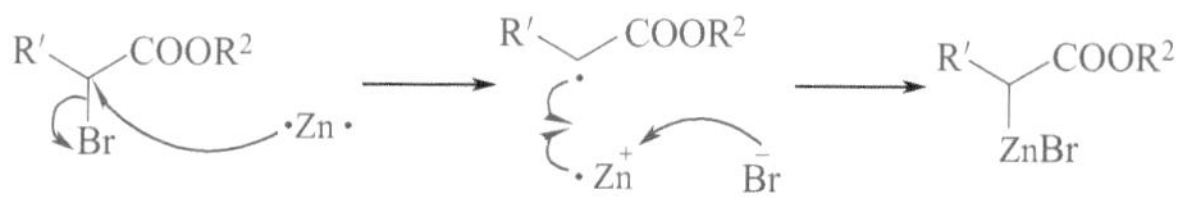

此反应机理之所以要重新解析，旨在系统地解决反应机理解析过程容易出现的不规范问题。

◆ 参考文献 ◆

[1] Blaise E E. C R Hebd Seances Acad Sci, 1901, 132: 478-480.
[2] Blaise E E. C R Hebd Seances Acad Sci, 1901, 132: 978-980.

15. Blanc 氯甲基化反应

这是用聚甲醛和卤化氢在路易斯酸催化作用下，芳环上引入氯甲基的反应：

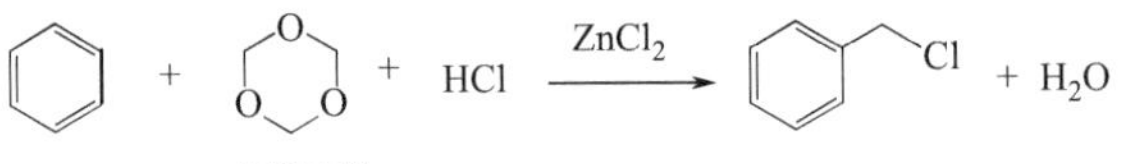

现有文献将 Blanc 氯甲基化反应机理解析为：

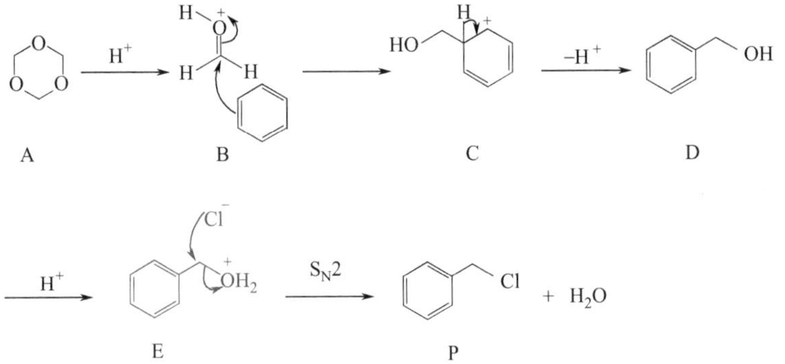

该反应由三个过程构成：三聚甲醛的酸催化解离、芳烃在酸催化作用下与甲醛缩合、苄醇的氯代。上述的机理解析缺少第一个过程，而第三个过程存在解析错误。

三聚甲醛的酸催化解离步骤的反应机理补充为：

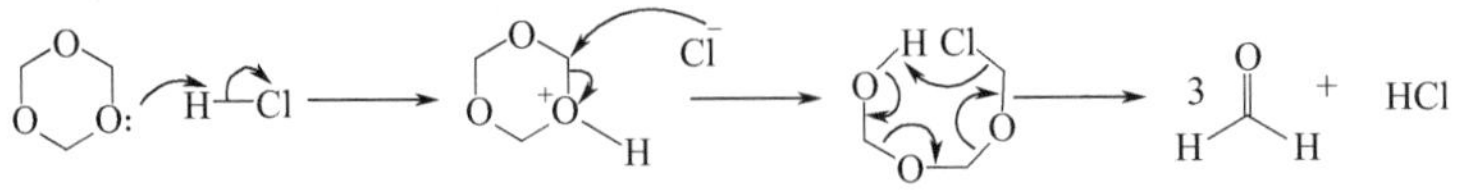

苄醇的氯代反应缺少了反应的必要条件，就是路易斯酸——氯化锌的催化作用。该反应反应机理应为：

由此可见路易斯酸与质子酸的区别，路易斯酸具有较大的可极化度，更容易使离去基的离去活性增大。

参考文献

[1] Blanc G. Bull Soc Chim Fr, 1923, 33: 313.
[2] Fuson R C, Mckeever C H. Org React, 1942, 1: 63.

16. Bouveault 醛合成

这是金属有机化合物与 DMF 加成，生成相应醛的反应。

$$R-X \xrightarrow[\text{3. H}^+]{\text{1. M} \atop \text{2. DMF}} R-CHO$$

$$R-X \xrightarrow{M} R-M \xrightarrow{DMF} \underset{R}{\underset{|}{N}}\!\!\diagdown\!\!\overset{O-M}{\diagup} \xrightarrow{H^+} R-CHO$$

后来 Comins 对此反应有所改进：

$$R_2N-CHO \xrightarrow[\text{2. H}^+]{\text{1. R'MgX}} R'-CHO$$

现有文献对于 Bouveault 反应的机理解析为：

$$\underset{\underset{A}{R'-MgX}}{R_2N-\overset{O}{\underset{B}{C}}} \xrightarrow{H^+} \underset{\underset{C}{R'}}{R_2N-\overset{O^-}{\underset{|}{C}}} \longrightarrow R'-CHO + \bar{N}R_2 \quad P$$

此机理虽然简单但仍有两个不规范之处。**一是在 A 与 B 缩合步骤表述电子转移的弯箭头弯曲方向画反了，二是缺少酸催化过程表述。**

按照现有机理解析的电子转移，应该理解为镁原子得到碳-镁键上独对电子与羰基碳原子成键，即

$$\underset{R'-MgX}{R_2N-\overset{O}{C}} \longrightarrow \underset{MgX}{R_2N-\overset{O^-}{C}} + R'$$

显然反应结果不是这样。无论此解析是不规范还是笔误，均应予以纠正。

后续的酸催化过程应补充完整，因为没有酸催化步骤则反应会停止在半缩胺阶段，而难于得到目标产物。

Bouveault 反应机理重新解析如下：

由此可见酸化促进了离去基的离去，更容易生成产物。

◆ 参考文献 ◆

[1] Bouveault L. Bull Soc Chim Fr, 1904, 31: 1306−1322.

[2] Comins D L, Brown J D. J Org Chem, 1984, 49: 1078.

17. Boyland-Sims 氧化

这是芳胺被碱性过二硫酸盐氧化为酚的反应：

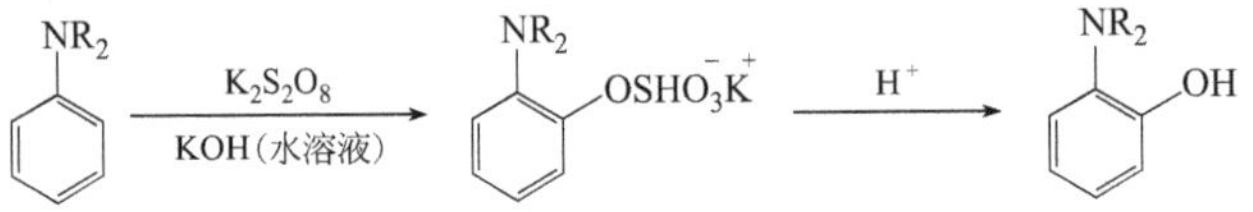

现有文献对于 Boyland-Sims 氧化反应机理是这样解析的：

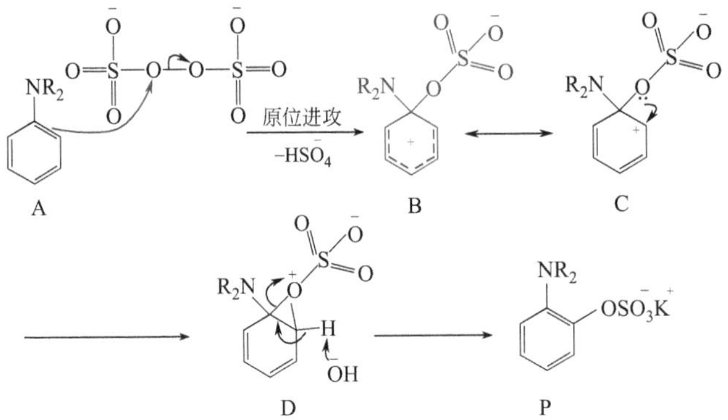

现有文献还给出了 Boyland-Sims 氧化反应的另一可能机理：

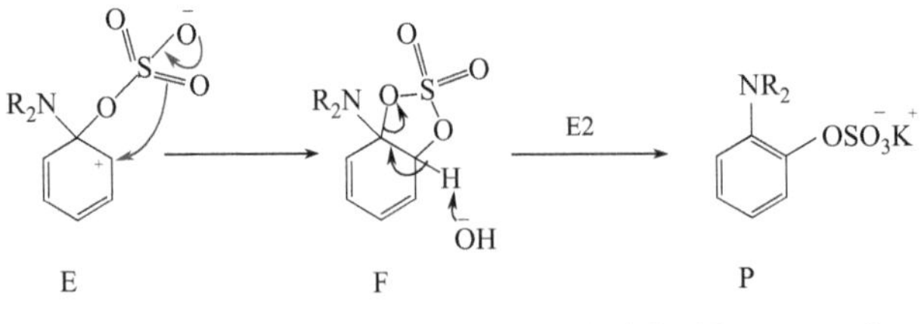

上述机理解析的关键问题在于亲核试剂的选择错误。 违背了芳环上电子云密度分布规律。

对于二烷基苯胺来说，有四个位置为富电体 - 亲核试剂位置：氨基的两个邻位、一个对位，还有氨基 N 原子上的独对电子。

本机理解析者旨在解析反应只发生在邻位而不发生在对位之原因。然而，与氨基直接相连的碳原子无论受氨基吸电的诱导效应（–I）之影响，还是受其推电子共轭效应（+C）之影响，均为缺电的亲电试剂的位置，该位置不可能是亲核试剂位置。

本反应只发生在邻位而不发生在对位之原因，不是因为与氨基直接相连的碳原子的"原位"是亲核试剂，而是氨基 N 原子上独对电子为亲核试剂，其与过二硫酸成键能生成了季铵盐：

季铵盐生成后，经 [3,3]-σ 迁移，芳构化反应生成硫酸酯，具有较低的活化能：

无论如何解析反应机理，必须首先生成季铵盐，这是其生成邻位取代物的关键影响因素，也符合电子转移的一般规律。

◆ 参考文献 ◆

[1] Boyland E, Manson D, Sims P. J Chem Soc, 1953: 3623.
[2] Boyland E, Sims P. J Chem Soc, 1954: 980.

18. Brown 硼氢化反应

这是烯烃与硼烷加成后,经双氧水碱性氧化,再水解成醇的反应:

$$R-CH=CH_2 \xrightarrow[\text{2. } H_2O_2, NaOH]{\text{1. } R'_2BH} R-CH_2CH_2OH$$

现有文献将上述 Brown 硼氢化反应的机理解析为:

（反应机理图：A → C → D → E → F → G → P，其中 F 步骤标注"类Baeyer-Villiger反应"，最终产物 P 为 $R-CH_2CH_2OH + B(OH)_3$）

此机理解析式所表述的电子转移,既比较模糊,又方向错误。

首先,A 与 B 之间的两个弯箭头表示什么?弯箭头的弯曲方向有何意义?恐怕读者难以明白。

其次,C 分子结构更加模糊,其后续的顺式加成生成 D,也很难让读者理解。

再次,在 E 分子生成 F 分子的过程中,按照弯箭头弯曲方向的本来意义,应该是生成了如下产物:

（反应式图）

这样解析虽也能推导出生成目标产物,但反应原理不对。因为硼负离子电负性很小，并不具备得到碳-硼共价键上独对电子的能力。弯箭头及其弯曲方向所描述的电子转移过程显然错误。

综合上述观点，将Brown硼氢化反应机理重新解析如下：

自A至D过程也可以按照[2+2]环加成机理进行。但弯箭头必须表述准确：

注意：自F至G的弯箭头与现有机理解析之区别。

◆ 参考文献 ◆

[1] Brown H C, Tierney P A. J Am Chem Soc, 1958, 80: 1552-1558.
[2] Nussium M, Mazur Y, Sondheimer F. J Org Chem, 1964, 29: 1120-1131.

19. Bucherer 咔唑合成

这是 β-萘酚与芳肼在硫酸氢钠存在下生成咔唑的反应：

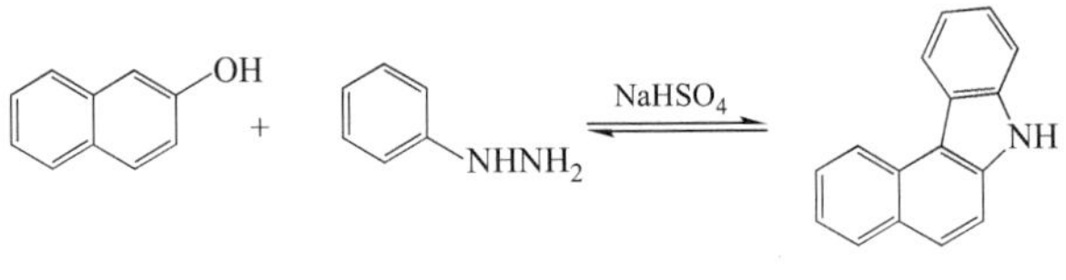

现有文献将 Bucherer 咔唑合成反应的机理解析为：

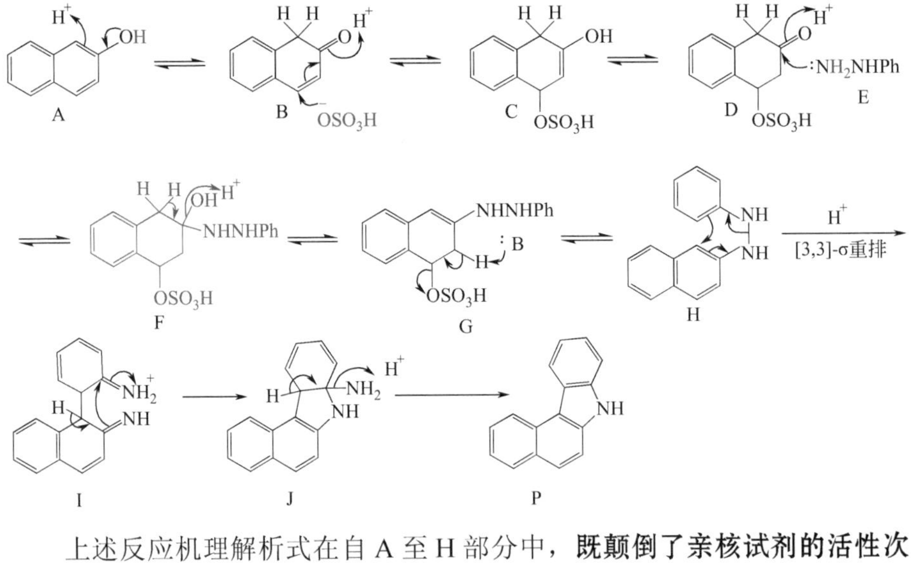

上述反应机理解析式在自 A 至 H 部分中，**既颠倒了亲核试剂的活性次序，又颠倒了亲电试剂的活性次序**，因而只能得到错误的结论。

自 B 至 C 阶段进行的 Michael 加成反应，硫酸氢负离子的离去活性过强，且其亲核活性过弱，并不具备亲核试剂的基本条件。而苯肼的亲核活性远远强于硫酸氢负离子，离去活性却远远弱于硫酸氢负离子，苯肼才具有亲核试剂的性质。因此，即便存在 Michael 加成反应，也只能是肼基优先成键，D 化合物根本不会存在。

退一步说，即便 D 化合物存在，则在自 D 至 F 阶段，D 分子硫酸酯上碳原子的亲电活性也远远强于酮羰基，苯肼 N 原子上独对电子也必然优先取代硫酸根。

综上所述，现有文献 Bucherer 咔唑合成反应的机理解析，在自 A 至 H 阶段是不可接受的。现将 Bucherer 咔唑合成反应机理重新解析如下：

这里硫酸氢钠的作用仅仅是调节反应 pH 值在 1～2 之间，这样既避免了苯肼完全质子化而丧失亲核活性，也避免了中间四面体结构上的肼基质子化离去，从而有利于中间四面体 M 向 H 方向转化，并利用硫酸氢钠的吸湿性实现平衡移动，生成中间体 H。

◆ 参考文献 ◆

[1] Bucherer H T, Seyde F. J Prakt Chem, 1908, 77: 403.
[2] Seeboth H. Deut Akad Wiss Berlin, 1961, 3: 48.

20. Bucherer 反应

这是 β-萘酚与氨在亚硫酸铵作用下发生的取代反应：

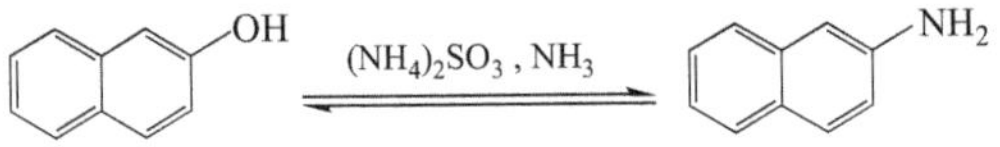

$$\text{β-萘酚} \xrightleftharpoons{(NH_4)_2SO_3,\ NH_3} \text{2-萘胺}$$

现有文献将 Bucherer 反应的机理解析为：

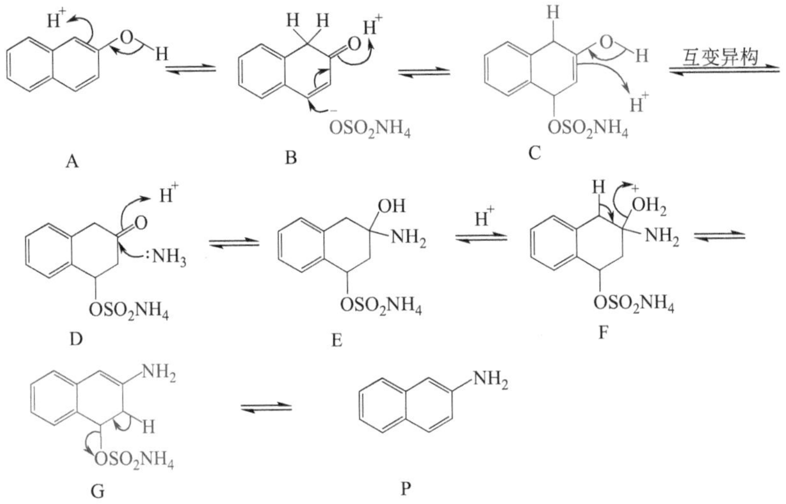

A ⇌ B ⇌ C —互变异构⇌

D ⇌ E ⇌ F ⇌

G ⇌ P

上述反应机理解析有两个问题：

一是亚硫酸铵虽为亲核试剂，但它是两可亲核试剂。亚硫酸铵的哪个原子与亲电试剂成键才是关键。本机理将氧负离子视作亲核试剂而生成中间状态亚硫酸酯是不合理的，因为亚硫酸酯的离去活性太强而容易返回到初始的原料状态。故只有硫原子上独对电子与烯烃加成才能生成相对稳定的中间状态。

二是 F 结构错误。羟基不具备质子化条件也不需要质子化，其离去活性本身就比氨基更强。

纠正如上问题，现将 Bucherer 反应机理重新解析如下：

参考文献

[1] Bucherer H T. J Prakt Chem, 1904, 69: 49-91.
[2] Drake N L. Org React, 1942, 1: 105-128.

21. Buchner-Curtius-Schlotterbeck 反应

这是脂肪族重氮化合物与羰基化合物生成酮的反应：

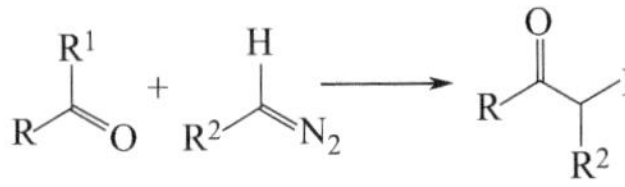

现有文献将 Buchner-Curtius-Schlotterbeck 反应机理解析为：

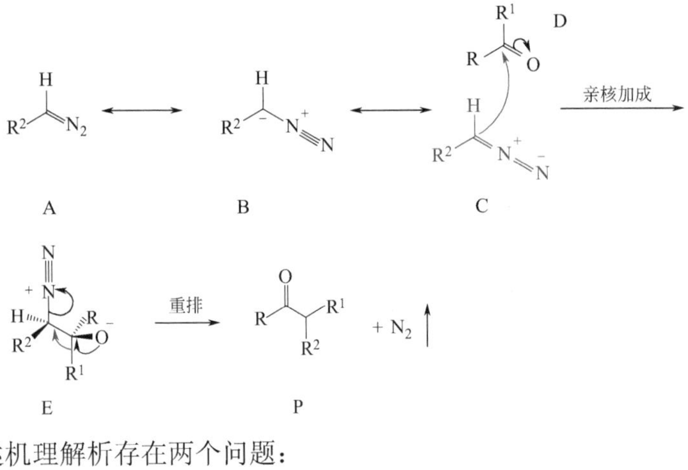

上述机理解析存在两个问题：

第一，重氮化合物的结构不准确。

重氮化物是否为离子型化合物？若是，那么结构是 B 还是 C，两者之间是否存在着相互之间的共振？

以其最简单的化合物重氮甲烷说起。分子结构是其物理性质和化学性质的决定性因素。从其物理性质来说，重氮甲烷的分子量为 42，而其沸点却只有 −23℃。这很难使人相信其为离子对结构，因其分子间力太小，与离子对化合物结构的强极性不符。

再从其化学性质来说，重氮甲烷在光照条件下能生成三线态卡宾，也能反证重氮甲烷结构。依据其光照条件容易引发共价键均裂的规律将其反应机理解析为：

$$\underset{N}{\overset{N}{\|}}CH_2 \xrightarrow{h\nu} H_2C: + N_2$$

由上述化学性质及其物理性质所决定，重氮甲烷应该就是上述的三元环结构，至少在气态条件下是如此。

然而，由重氮甲烷的三元环结构容易推出它具有不稳定性。由于环内氮原子上具有较强亲核活性的独对电子，因而容易发生分子内的极化、重排，且容易进一步分解为单线态卡宾：

$$\underset{N}{\overset{N}{\|}}CH_2 \longrightarrow H_2\overset{-}{C}-\overset{+}{N}\equiv N \longrightarrow H_2\overset{+}{C} + N_2$$

由其上述化学性质所决定，重氮甲烷在外界电场或极性溶剂作用下，是容易发生分子内重排的，这种重排必然遵循化学反应的电子转移规律，可能按照如下的重排过程循环进行：

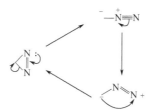

综上所述，Buchner-Curtius-Schlotterbeck 反应所用的重氮化合物，就应该处于上述共振循环过程之中，在气相条件下属于三元环状弱极性分子，而在极性溶剂中被极化、重排成双离子的 B 结构：

$$R^2\diagdown N_2 = R^2\diagdown\underset{N}{\overset{N}{\|}} \longrightarrow R^2\diagdown CH\overset{-}{N}\overset{+}{\equiv}N$$

而现有文献解析的 Buchner-Curtius-Schlotterbeck 反应机理，认为 B 结构可以直接共振到 C 结构显然不合理，因为氮正离子并非亲电试剂而是离去基。

在分子结构 C 中，端点的 N 负离子为富电体 - 亲核试剂，而与重氮基成键的碳原子为缺电体 - 亲电试剂。然而这与至今所见重氮化物的化学性质恰恰相反，物理性质与化学性质均不支持 C 结构的存在。尽管理论上仍存在如下循环的异构重排的可能：

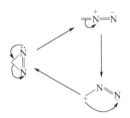

总而言之，实验结果并不支持 C 结构的存在，而自 C 至 E 过程的机理解析颠倒了重氮化物结构内氮正离子两端亲核试剂与亲电试剂功能，违背了分子结构与反应活性的基本准则，违背了电子转移这一基本规律。

第二，自 E 至 P 的重排反应并未解析清楚，且代表一对电子转移的弯箭头表述错误。

烷基迁移的依据，必须是其 α 位上具有空轨道。本例正属于缺电子重排反应机理，是由碳正离子 α 位上的 σ 键带着一对电子迁移的，这就应该把具有空轨道的碳正离子清楚地表述出来，再按照缺电子重排的标准模式表述：

也可将最后一步缺电子重排反应分解成两步，这样电子转移的原理与规律就更加清晰：

Buchner-Curtius-Schlotterbeck 反应也可能按照另一机理进行。

重氮盐离去生成卡宾，再与羰基加成生成环氧化物，水解后酸化脱水生成碳正离子，经缺电子重排制得：

只要掌握了电子转移的一般规律，就能掌握反应机理若干可能的变化。

◆ 参考文献 ◆

[1] Bucherer E, Curtius T. Ber Dtsch Chem Ges, 1989, 18: 2371.
[2] Gutsche C D. Org React, 1954, 8: 364.

22. Buchner 扩环法

这是苯与重氮乙酸酯缩合生成环庚三烯羧酸酯的反应：

现有文献将 Buchner 扩环反应的机理解析为：

上述的机理解析式存在三个问题。

一是没有解析铑类卡宾生成机理。补充如下：

铑类卡宾也可能按照另一反应机理进行，即卡宾与铑的加成：

因为激发状态的铑原子也是可以同时具有独对电子与空轨道的。

二是在铑类卡宾 B 与芳烃 π 键的 [2+2] 环加成反应中电子转移标注错误。铑类卡宾 π 键上碳原子的电负性大于铑原子，应将铑原子解析成亲电试剂，而将碳原子解析为亲核试剂。这里颠倒了铑 - 碳 π 键两端电子云的密度分布，因而颠倒了亲核试剂与亲电试剂的功能。C 与 D 之间的 [2+2] 环加成反应生成 E 的反应机理修改如下：

三是自 E 至 F 阶段的还原消除反应过程未见电子转移的标注。现将自 E 至 F 阶段的反应机理补充如下：

◆ 参考文献 ◆

[1] Bucherer E. Ber Dtsch Chem Ges, 1896, 29: 106-109.
[2] Von E Doering W, Konx L H. J Am Chem Soc, 1957, 79: 352-356.

23. Buchwald-Hartwig 反应

这是卤代芳烃在钯催化作用下与吡咯的缩合反应：

现有文献将 Buchwald-Hartwig 反应的机理解析为：

本机理解析式存在两个问题：

一是从头至尾未见电子转移标注。

二是仅仅标明了两个中间体和三个概念——氧化加成、配体交换和还原消除。氧化加成与还原消除的反应机理，均未得到应有的解析。

自 A 至 B 的氧化加成反应，卤原子上的独对电子进入 Pdl 原子的空轨道，钯原子上的外层自由电子容易转移至缺电子的原子上，而卤素离去生成芳烃自由基，随后芳烃自由基与钯自由基成键。自 A 至 B 过程应该解析为：

自 B 至 C 过程的配体交换反应就是一个极性基元反应过程，然而吡咯分子并不具有独对电子，是不可能成为亲核试剂的，只有在碱性条件下与活泼氢成键，离去的吡咯负离子才是亲核试剂：

自 C 至 P 的还原消除反应，是由于与钯成键的两个原子之间电负性差异而分别带有异性电荷，且钯原子的可极化度较大，因而两原子间可近距离成键，钯原子在两原子间分别得失一对电子还原成钯原子。

还原消除反应也可以更具体地拆解成两步反应的串联，则反应原理更加清晰：

◆ 参考文献 ◆

[1] Paul F, Patt J, Hatiwig J F. J Am Chem Soc, 1994, 116: 5969-5970.
[2] Guram A S, Buchwald S L H. J Am Chem Soc, 1994, 116: 7901-7902.
[3] Palucki M, Wolfe J P, Buchwald S L. J Am Chem Soc, 1996, 118: 10333-10334.

24. Burgess 脱水剂

这是将羟基衍生成大基团，以完成消除反应生成烯烃的衍生化试剂。

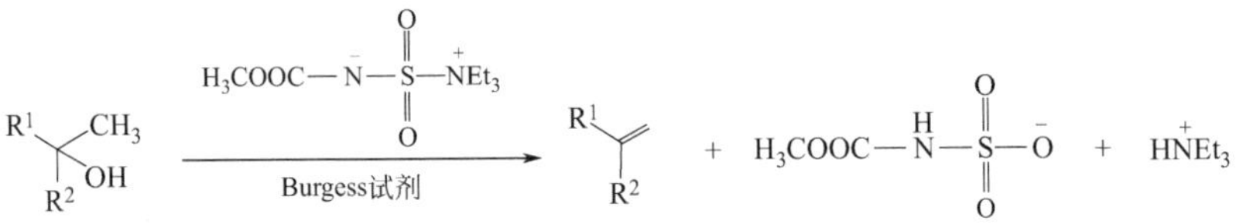

现有文献将 Burgess 反应的机理解析为：

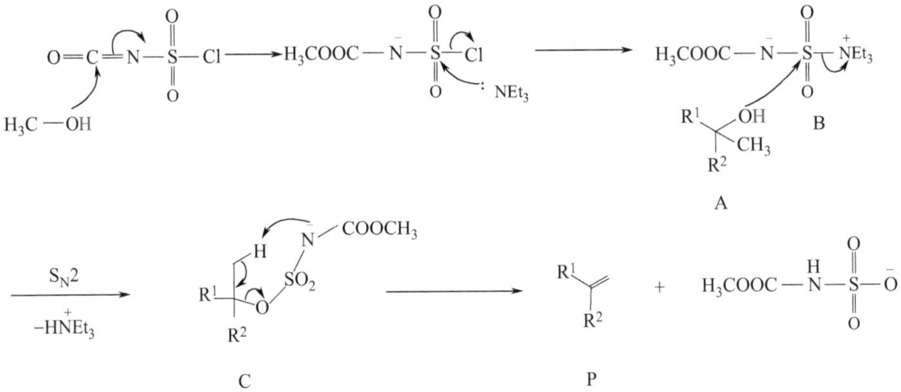

上述机理解析的问题之一是忽视了酸碱性对于亲核试剂、亲电试剂反应活性的影响，忽略了质子转移对于极性反应的重要性。

对于 A 与 B 分子来说，只有质子转移之后，两者才具备反应活性。

在上述机理解析过程中,最核心的问题是质子的转移。转移之后的亲核试剂由氧原子变成氧负离子,其亲核活性更强了;而氨基氮负离子变成了氮原子,由供电基转化成了吸电基,其亲电试剂的亲电活性也更强了。

上述机理解析的问题之二是忽略了三对电子协同迁移条件下,才具有较低的活化能。自 C 至 P 过程只有在三对电子协同迁移条件下才容易发生,应将 C 结构画成标准的六元环结构,才容易让读者更深刻理解。

参考文献

[1] Atkins G M, Burgess E M. J Am Chem Soc, 1968, 90: 4744-4745.
[2] Burgess E M, Penton H R. Taylor E A J Am Chem Soc, 1970, 92: 5224-5226.
[3] Atkins G M, Burgess E M. J Am Chem Soc, 1972, 94: 6135-6141.

25．Cadiot-Chodkiewicz 偶联

这是由炔基卤化物与炔基铜合成双炔衍生物的过程：

$$R^1 {-\!\!\!=\!\!\!-} X + Cu {-\!\!\!=\!\!\!-} R^2 \longrightarrow R^1 {-\!\!\!=\!\!\!-}{-\!\!\!=\!\!\!-} R^2$$

现有文献将 Cadiot-Chodkiewicz 偶联反应的机理解析为：

$$R^1{-\!\!\!=\!\!\!-}X + Cu{-\!\!\!=\!\!\!-}R^2 \xrightarrow{\text{氧化加成}} R^1{-\!\!\!=\!\!\!-}\underset{\underset{X}{|}}{Cu}{-\!\!\!=\!\!\!-}R^2$$

$$\underset{A\qquad\qquad B}{} \qquad\qquad \underset{C}{}$$

$$\xrightarrow{\text{还原消除}} \underset{P}{R^1{-\!\!\!=\!\!\!-}{-\!\!\!=\!\!\!-}R^2} + CuX$$

本机理解析式从头至尾未见电子转移标注，仅仅标明了两个概念：氧化加成和还原消除，且两个反应机理均未解析电子转移过程。

A 与 B 生成 C 的氧化加成反应，卤原子上的独对电子进入铜原子的空轨道，铜原子上的外层自由电子容易转移至缺电子的炔基碳原子上，而卤素离去生成炔基自由基；接着炔基自由基与铜自由基成键。

自 A 至 C 的氧化加成过程应该解析为：

自 C 至 P 的还原消除反应，则由于与铜成键的两个炔铜键的电负性接近、键长又较长，因而离解能较低，容易均裂成自由基，两个炔基自由基又容易近距离成键，同时生成卤化亚铜：

$$R^1-\!\!\equiv\!\!-[Cu(X)]-\!\!\equiv\!\!-R^2 \longrightarrow R^1-\!\!\equiv\!\!\equiv\!\!-R^2 + CuX$$

实践经验证明，炔基与铜之间容易均裂，金属铜及其卤代物参与的反应一般是按自由基机理进行的。

◆ 参考文献 ◆

[1] Chodkiewicz W, Cadiot P. C R Hebd Seances Acad Sci, 1955, 241: 1055-1057.

[2] Cadiot P, Chodkiewicz W. In Chemistry of Acetylenes, Viehe H G ed, New York: Dekker, 1969: 597-647.

26. Castro-Stephens 偶联

这是合成芳基炔的反应：

$$Ar-X + Cu\!\!=\!\!\!=\!\!\!=\!\!R \xrightarrow[\text{Ref.}]{\text{Py.}} Ar\!\!=\!\!\!=\!\!\!=\!\!R$$

现有文献将 Castro-Stephens 偶联反应的机理解析为：

$$\underset{A}{Ar-X} + \underset{B}{L_3Cu\!\!=\!\!\!=\!\!\!=\!\!R} \longrightarrow \underset{C}{ArX\!-\!\overset{L}{\underset{L}{Cu}}\!\!-\!\!=\!\!\!=\!\!R}$$

$$\longrightarrow \underset{D}{\left[\begin{array}{c}Ar\overset{X}{\diagup\!\!\diagdown}Cu\\ \|\\ R\end{array}\right]} \longrightarrow CuX + \underset{P_1}{Ar\!\!=\!\!\!=\!\!\!=\!\!R}$$

上述中间体 C 与 D 的分子结构极其模糊又没有依据，这种主观臆想的分子结构违背了有机反应的基本规律。

与 Cadiot-Chodkiewicz 偶联类似，Castro-Stephens 偶联反应也存在着氧化加成与还原消除两个过程。我们将氧化加成与还原消除反应的电子转移补充完整，Castro-Stephens 偶联反应机理应为：

$$Ar-X\!:\cdot Cu\!\!=\!\!\!=\!\!\!=\!\!R \longrightarrow \overset{Ar}{\underset{Cu}{\bigcap}}\overset{X^+}{\underset{}{}}\!\!=\!\!\!=\!\!R \xrightarrow{SET} Ar\!\!\overset{X}{\underset{}{\frown}}\!\!Cu\!\!=\!\!\!=\!\!R$$

$$\longrightarrow \underset{X}{\overset{Ar}{\underset{}{\diagdown}}\!\!Cu\!\!\overset{R}{\underset{}{\diagup}}} \longrightarrow Ar\!\!=\!\!\!=\!\!\!=\!\!R + CuX$$

参见 Cadiot-Chodkiewicz 偶联反应的机理解析与原理说明，此处从略。

◆ 参考文献 ◆

[1] Castro C E, Stephens R D. J Org Chem, 1963, 28: 2163.
[2] Stephens R D, Castro C E. J Org Chem, 1963, 28: 3313-3315.

27. Chapman 重排

这是 O-芳基亚氨基醚加热重排成酰胺的反应:

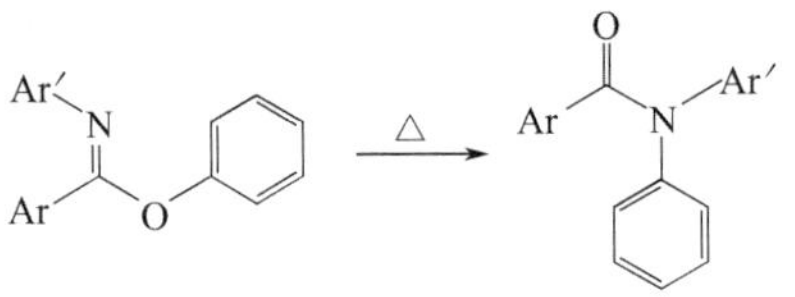

现有文献将 Chapman 重排反应的机理解析为:

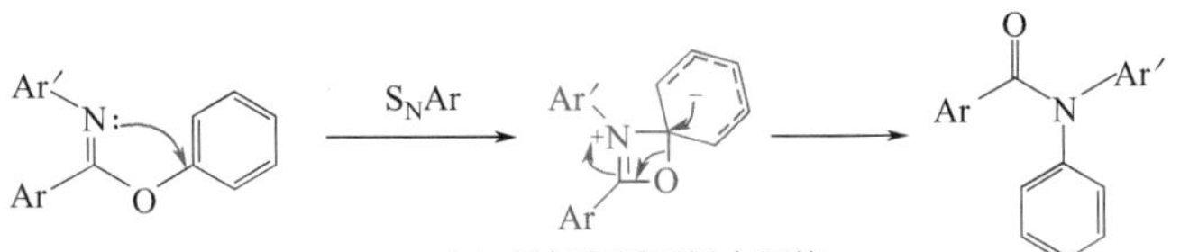

1,3-氮氧杂环丁烯中间体

A   B   P

本机理解析构思了一个原位进攻过程,生成了一个 1,3-氮氧杂环丁烯中间体,这只是一种主观猜想而并无可靠依据。从表面上看是 N 与 O 原子位置作了交换,但发生在同一位置且在四元环内的取代并不容易。

在芳环上不存在取代基的条件下,N 原子在哪一位置与芳环成键,并不影响产物的结构。故在芳烃 π 键两端的空间五元环内进行 [2,3]-σ 迁移反应,其反应的活化能应该更低,**本反应更容易按照 [2,3]-σ 迁移反应机理进行**:

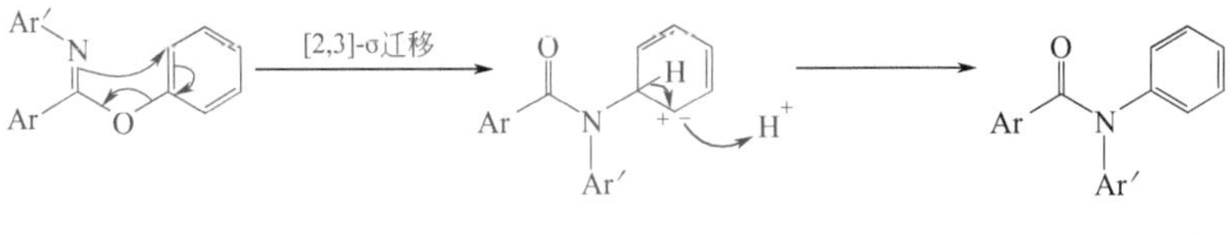

参考文献

[1] Chapman A W. J Chem Soc, 1925, 127: 1992-1998.
[2] Dauben W G, Hodgson R L. J Am Chem Soc, 1950, 72: 3479-3480.

28. Chichibabin 氨基化

这是吡啶、喹啉或其他氮杂环化合物用氨基钠进行的直接氨化反应：

$$\text{吡啶} \xrightarrow[\triangle]{NaNH_2} \text{2-氨基吡啶} + NaH$$

现有文献将 Chichibabin 氨基化反应的机理解析为：

A → B → P

上述机理是分子内消除生成了氢化钠。**然而负氢离去的条件不够充分，因为氨基相对更容易离去**。若补充一个活泼氢交换过程，即在过量氨基钠条件下进行，似乎才合理。

这里一个质子的转移，可以改变离去基的活性次序，使得负氢成为唯一的离去基，因而决定了化学反应进行的方向。

◆ 参考文献 ◆

[1] Chichibabin A E, Zeide O A. J Russ Phys Chem Soc, 1914, 46: 1216.

[2] Knize M G, Felton J S. Heterocycles, 1986, 24: 1815.

29. Chichibabin 吡啶合成

这是醛与氨缩合生成吡啶的反应：

$$3\ RCH_2CHO + NH_3 \longrightarrow \text{吡啶}$$

现有文献将 Chichibabin 吡啶合成反应的机理解析为：

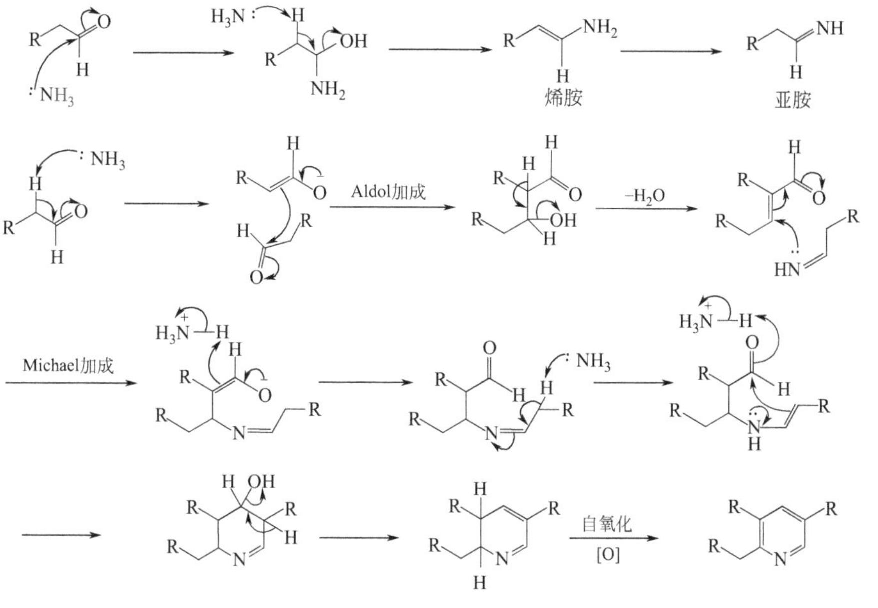

上述机理解析虽无重大原理上的错误，但**将醛部分地生成亚胺难以自圆其说，在液氨过量条件下全部生成亚胺是可能的。**

根据本机理原有解析，吡啶是由一个亚胺分子与两个醛分子缩合而成。那么，还可以由两个亚胺分子与一个醛分子或由三个亚胺分子缩合而成。比如两个亚胺分子和一个烯胺分子缩合成吡啶的反应机理为：

实际上，在氨过量条件下三个亚胺缩合机理是更合理的。两个亚胺与一个醛也能合成吡啶，此机理解析留给读者。

参考文献

[1] Chichibabin A E. J Russ Phys Chem Soc, 1906, 37: 1229.
[2] Sprung M M. Chem Rev, 1940, 40: 297-338.

30. Corey-Fuchs 反应

这是醛基与四溴化碳、金属锌、三苯基膦反应，转化成炔基的反应：

$$R-CHO \xrightarrow[Zn]{CBr_4, PPh_3} \underset{H}{\overset{R}{\diagdown}}C=C\underset{Br}{\overset{Br}{\diagup}} \xrightarrow{n\text{-BuLi}} R\equiv\!\!\!\equiv H$$

现有文献将 Corey-Fuchs 反应的机理解析为：

$$CBr_3\text{—}Br \quad :PPh_3 \xrightarrow{S_N2} \quad \overset{-}{C}Br_3 \ + \ Br\text{—}\overset{+}{P}Ph_3$$
$$\ \ A \qquad\qquad B \qquad\qquad\qquad\qquad C \qquad\quad D$$

$$\underset{\overset{-}{C}Br_3}{\overset{Br\text{—}\overset{+}{P}Ph_3}{}} \xrightarrow{S_N2} \underset{Br}{\overset{Br}{\underset{|}{\overset{|}{Br\text{—}C\text{—}\overset{+}{P}Ph_3}}}} \xrightarrow{S_N2} \underset{Br}{\overset{Br}{\underset{|}{\overset{|}{\text{—}C\text{—}\overset{+}{P}Ph_3}}}} + Br_2$$
$$D/C \qquad\qquad\qquad E \qquad\qquad\qquad F \qquad G$$

$$\underset{R}{\overset{O}{\diagdown}}\!\!\!\overset{}{\underset{}{C}}\!\!\!H \longrightarrow \underset{H}{\overset{R}{\diagdown}}C=C\underset{Br}{\overset{Br}{\diagup}} + O=PPh_3$$
$$\qquad\qquad\qquad H$$

$$Br_2 + Zn \longrightarrow ZnBr_2$$

$$\underset{\underset{Bu}{H}}{\overset{R}{\diagdown}}C=C\underset{Br}{\overset{Br}{\diagup}} \longrightarrow R\text{—}\!\!\equiv\!\!\text{—}Br \xrightarrow{B\bar{u}} R\!\!\equiv\!\!\equiv \xrightarrow{\text{酸性处理}} R\!\!\equiv\!\!\equiv H$$
$$\qquad\qquad\qquad\qquad I \qquad\qquad J \qquad\qquad\qquad P$$

上述机理解析有两个疑点。

第一，A 与 B 的反应应该直接生成 E。三苯基膦独对电子应直接与缺电的碳原子成键而溴原子带着一对电子离去直接生成 E，而 C、D 结构可能并不存在。因为四溴化碳分子上的溴原子仍属于相对电负性较大的离去基，而不是缺电体亲电试剂。即：

$$Br-CBr_3 \quad :PPh_3 \longrightarrow Br_3C-\overset{+}{P}Ph_3 + Br^-$$

第二，在自 E 至 H 阶段应该是金属锌与 E 结构生成金属有机化合物，即本反应不应有 F 结构与溴素生成。

如果不是上述机理，那么所有具有还原性的金属均可以代替金属锌，显然这与实际情况不符。

◆ 参考文献 ◆

[1] Corey E J, Fuchs P L. Tetrahedron Lett, 1972, 13: 3769-3772.
[2] Grandjean D, Pale P, Chuche J. Tetrahedron Lett, 1994, 35: 3529-3530.

31. Corey-Kim 氧化反应

这是仲醇与 NCS 和 DMS 作用，生成酮的过程：

$$R^1R^2CHOH \xrightarrow[\text{2. NEt}_3]{\text{1. NCS, DMS}} R^1COR^2$$

现有文献将 Corey-Kim 氧化反应的机理解析为：

（机理图示：A + B → C + D + E → F + G → H → (CH$_3$)$_2$S↑ + P）

或者：

（F + G → (CH$_3$)$_2$S↑ + P）

在上述机理解析式中，自 D 之后的部分值得商榷。

在仲醇 E 结构的氧原子上，**独对电子进入 D 分子空轨道的过程中，氯原子不是非离去不可。因为氯原子是否离去并不妨碍氧原子的独对电子进入硫原子的空轨道，尽管是 d 轨道。**

自 H 至 P 的解析也不合理，**碳负离子应该优先与硫原子上空的 d 轨道成键，此后碳－硫 π 键上碳原子一端为缺电体－亲电试剂。**故反应过程应该按照如下机理进行，依次生成中间体 M_1 和 M_2。

在 M_2 分子结构内，碳-硫 π 键上碳原子一端为缺电体-亲电试剂，而具有较大电负性的氧原子刚好处于离去基位置并可转化成亲核试剂，**在氧原子与碳原子成键过程中刚好便于负氢转移，这才符合氧化还原反应的一般规律**。

应该指出，**原有机理解析的自 H 至 P 过程或自 F 至 P 过程，既未出现负氢转移，又将氧原子放在先失电子再得电子的亲电试剂位置上，这违背了电子转移的一般规律**。因为具有高电负性的氧原子，总是得到电子之后用这对电子与亲电试剂成键的，总是处于离去基转化成亲核试剂的位置上。

而原有机理解析将氧原子视作亲电试剂不合理，更容易发生如下反应生成卡宾：

由此可见，现有的机理解析具有原则性错误。

◆ 参考文献 ◆

[1] Corey E J, Kim C U. J Am Chem Soc, 1972, 94: 7586-7587.
[2] Katayama S, Fukuda K, Watanabe T, et al. Synthesis, 1998: 178-183.

32．Corey-Winter olefin 烯烃合成

这是邻二醇经 1,1-硫代羰基二咪唑和三甲氧基膦处理生成相应的烯烃的反应：

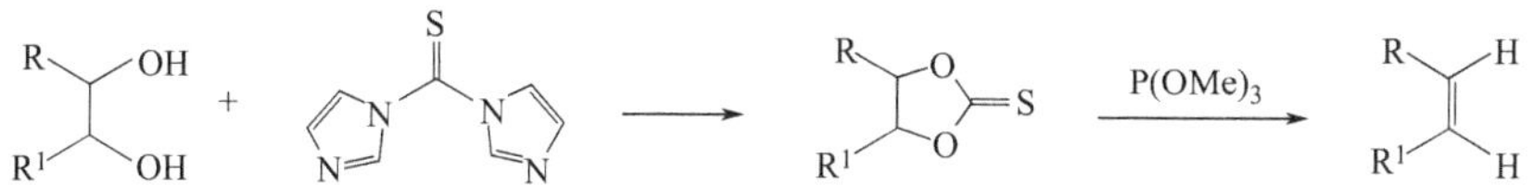

现有文献将 Corey-Winter olefin 反应的机理解析为：

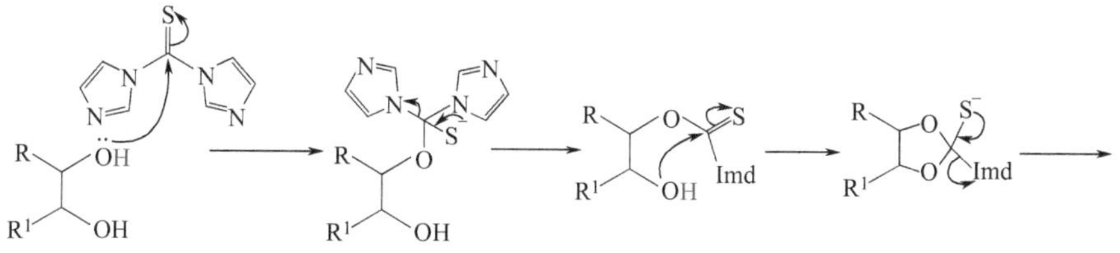

A   B   C   D

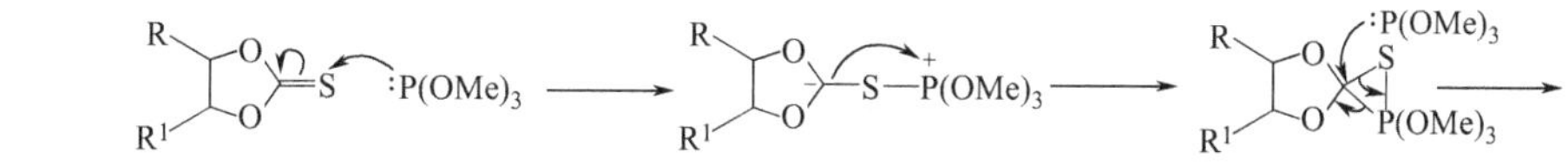

1,3-二氧杂环戊-2-硫酮(环硫代碳酸酯)
E   F   G

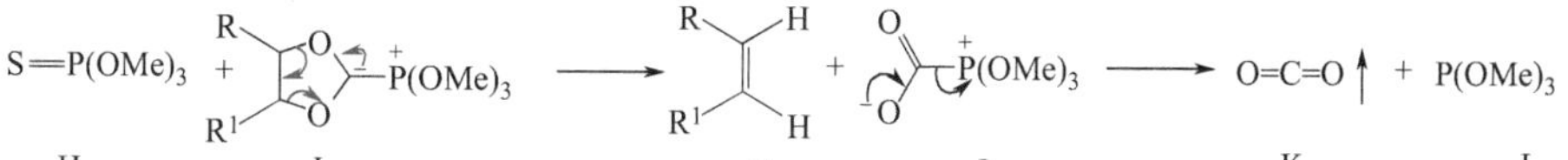

H   I   P   J   K   L

经热解实验研究表明反应过程卡宾中间体是存在的。

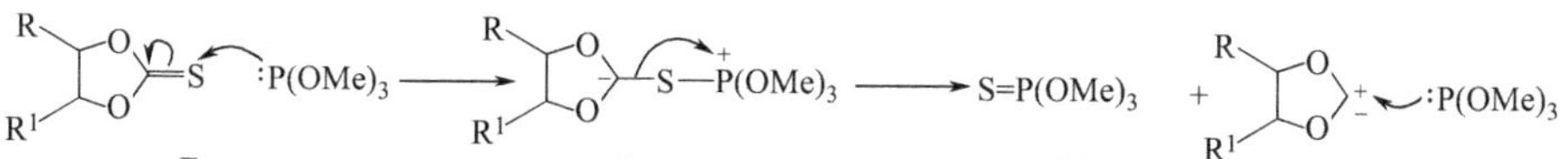

E   F   M   N

现有机理解析并未将邻二醇的还原反应原理说清楚。

在自 I 至 P 阶段，[2,3]-σ 重排反应不易发生。碳负离子的存在使分子内的 [2,3]-σ 重排不易进行，而其更容易失去与其成键的独对电子生成单线态卡宾 N。

中间体 I 结构碳负离子上独对电子进入磷原子上的 d 空轨道生成 pπ-dπ 键才合理，进而完成后续还原反应。

上述过程生成的羰基三甲氧基膦经水解与自氧化还原过程生成一氧化碳与三甲基膦。反应机理请读者自行推导。

参考文献

[1] Corey E J, Winter R A E. J Am Chem Soc, 1963, 85: 2677-2678.
[2] Corey E J, Carey F A, Winter R A E. J Am Chem Soc, 1965, 87: 934-935.

33. Cornforth 重排

这是酮基噁唑的热重排反应:

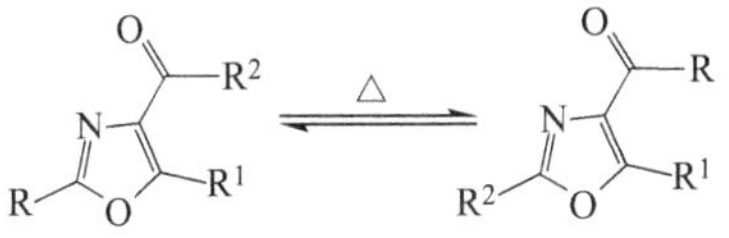

现有文献将 Cornforth 重排反应的机理解析为:

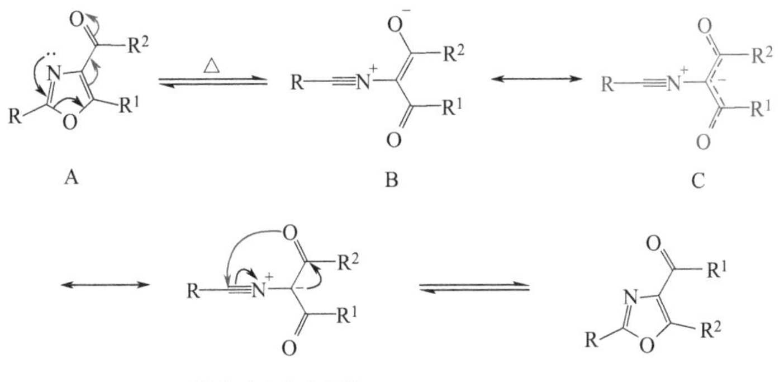

A　　　　　　　　B　　　　　　　　C

二羰基叶立德中间体
D　　　　　　　　　　　　　P

本机理解析在**自 A 至 D 阶段的表述有些多余**。没有必要表示 B 与 C 两个状态。此外自 D 至 P 过程的弯箭头表述也不规范。将 Cornforth 重排机理规范并简化地解析为:

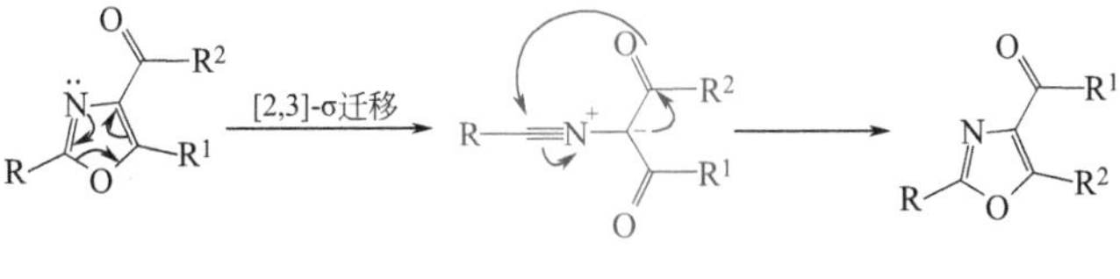

[2,3]-σ 迁移

参考文献

[1] Cornforth J W. In The Chemistry of Penicillin. New Jersey: Princeton University Press, 1949: 700.

[2] Dewar M J S, Spanninger P A, Turchi I J. J Chem Soc, Chem Commun, 1973: 925.

34．Griegee 臭氧化反应

这是烯烃与臭氧生成 1,2,4- 杂环戊烷的反应：

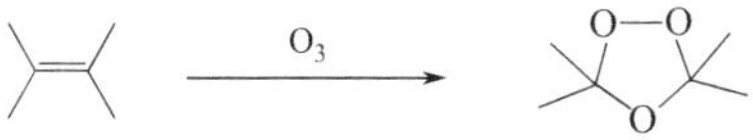

现有文献将 Griegee 臭氧化反应的机理解析为：

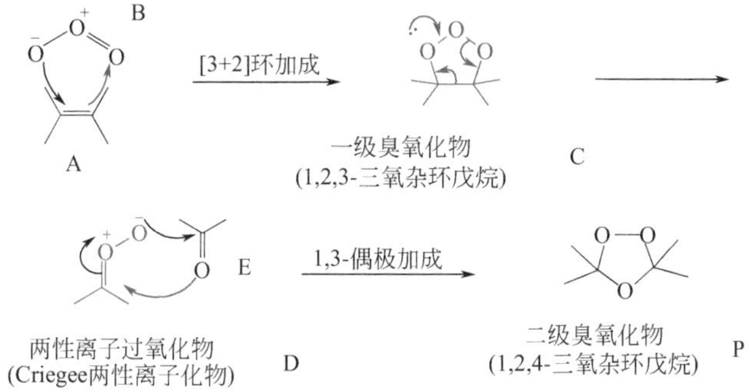

如上的机理解析分为两步：一级臭氧化物（1,2,3- 三氧杂环戊烷）的合成和二级臭氧化物（1,2,4- 三氧杂环戊烷）的合成。

在由一级臭氧化物（1,2,3- 三氧杂环戊烷）合成二级臭氧化物（1,2,4- 三氧杂环戊烷）的自 C 至 D 过程，机理解析完全错误。

按照现有机理解析式上的电子转移标注，一级臭氧化物 C 结构是不能直接生成丙酮和两性离子过氧化物 D 结构的，而生成的应该是下述 M 结构。

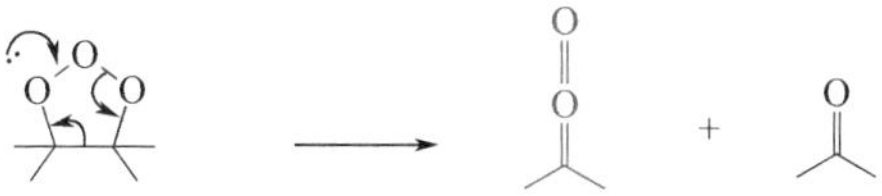

此 M 结构的氧原子已经违背八隅律了，且也不具备共振到过渡状态 D

结构之条件，因此该机理解析不合理。

关于臭氧的分子结构，按照现有机理的解析，再根据电子转移的一般规律，分子内也容易发生富电子重排，而平衡地生成三元环结构，由这种三元环结构也容易均裂生成双自由基结构。

根据臭氧分子的如上变化，可以将二级臭氧化物（1,2,4-三氧杂环戊烷）的生成解析成自由基机理。

与现有机理解析结果比较，此自由基机理相对更合理。

◆ 参考文献 ◆

[1] Criegee R, Wenner G. Justus Liebigs Ann Chem, 1949, 564: 9-15.
[2] Criegee R. Rec Chem Prog, 1957, 18: 111-120.
[3] Criegee R. Angew Chem, 1975, 87: 765-771.

35. Curtius 重排

这是酰基叠氮化物重排成异氰酸酯中间体，再水解成胺的过程：

$$R-COCl \xrightarrow{NaN_3} R-CON_3 \xrightarrow{\triangle} N_2\uparrow + R-N=C=O$$

$$\xrightarrow{H_2O} R-NH_2 + CO_2\uparrow$$

现有文献将 Curtius 重排反应的机理解析为：

（A → B → C → D → E → 异氰酸酯中间体 F → G → P）

上述机理解析式存在三个问题：

第一，叠氮化物表述为 D 结构不妥。根据分子结构对物理性质的决定作用判断，叠氮酸的分子量为 43，与乙醇、乙腈差别不大，而其沸点只有 35.8℃，证明其只能是弱极性的，不可能是具有较大极性的离子对结构。由此判断叠氮酸为如下的三元环状结构比较合理，至少在气相状态是如此。

$$R-N\underset{N}{\overset{N}{\triangle}}$$

如果不是这样，若它是带有两个异性电荷的离子对结构，则分子间极强的离子键相当于生成了大分子，沸点不可能如此之低。

然而，由于三元环状化合物的不稳定性，在外界电场或溶剂极性的影响之下，此三元环状结构容易发生如下两种形式的分子内重排：

根据如上电子转移过程，重排过程可能产生的两种离子对结构 M_1 与 M_2 是不能直接相互转化的，必须经过三元环阶段。

叠氮化物重排生成的离子对结构是 M_1 还是 M_2，我们只能从其化学性质来判断：纵观所有叠氮化合物，端点处的氮原子总是亲电试剂而非亲核试剂；与烷烃成键的氮原子总是亲核试剂而不是亲电试剂，没有例外。显然 M_1 结构上各原子的功能不对，而 M_2 结构才与叠氮化物的化学性质相符。

第二，两种离子对结构的叠氮化合物不可以直接相互转化。即由 M_1 直接共振生成 M_2 是不可能的。因为 M_1 结构上的氮正离子为离去基，并非亲电试剂，两对电子的任何一对均不具备独立转移之条件。

之所以出现上述错误，来自共振论中所说的：**负电荷处于电负性较大的原子上比较稳定**。然而分子内共振就是分子内的化学反应，它必须遵循一个最基本的原理，就是**电子转移不能违背三要素的基本功能**。

第三，卡宾（氮烯）重排的机理表述错误。烷基是带着一对电子迁移的，现有机理解析的电子转移标注画反了。

Curtius 重排反应生成异氰酸酯阶段的反应机理重新解析如下：

自 C 至 E 阶段的反应机理应该为：

自 E 至 F 阶段的解析比较抽象，难以使读者理解其原理，应该将该步骤分解成至少两个步骤，成为与卡宾重排类似的氮烯重排机理。

氮烯重排还可以拆解成两个阶段，视作缺电子重排后的极性反应，生成异氰酸酯中间体。

参考文献

[1] Curtius T. Ber Dtsch Chem Ges, 1890, 23: 3033-3041.
[2] Chen J J, Hinkley J M, Wise D S, et al. Synth Commun, 1996, 26: 617.

36. Dakin 反应

这是将芳醛氧化成苯酚的反应:

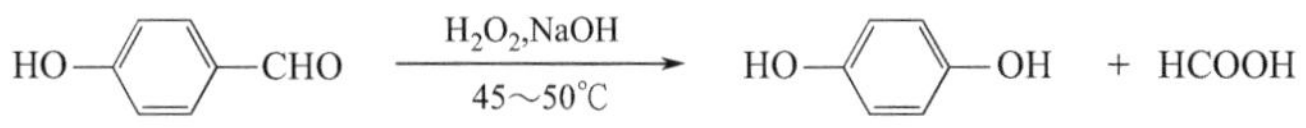

$$HO-C_6H_4-CHO \xrightarrow[45\sim50℃]{H_2O_2, NaOH} HO-C_6H_4-OH + HCOOH$$

现有文献将 Dakin 反应的机理解析为:

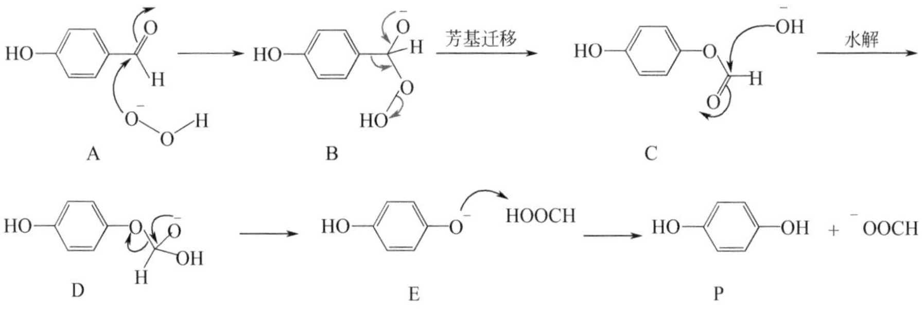

[机理图示:A → B → C → D → E → P]

上述机理解析在自 B 至 C 阶段不准确:

一是三个箭头的协同转移使人难以理解其原理,应该明确地解析出缺电子重排机理;

二是芳基转移的弯箭头方向错了,容易引起误解。

自 B 至 C 阶段的反应机理解析应该改为:

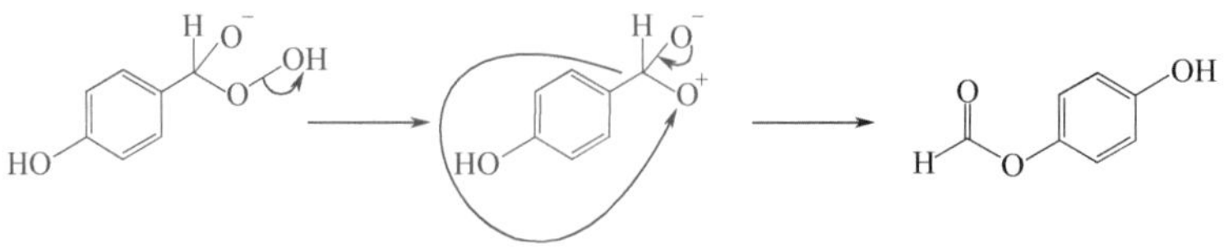

[修正后的机理图示]

只有解析出氧正离子,才能认清此机理为缺电子重排。

如果不将氧正离子解析出来，至少应标注其缺电子的性质：

◆ 参考文献 ◆

[1] Dakin H D. Am Chem J, 1909, 42: 477-498.
[2] Hocking M B, Bhandari K, Shell B, et al. J Org Chem, 1982, 47: 4208-4215.

37. Dakin-West 反应

这是 α-氨基酸与酸酐生成 α-酰胺酮的反应：

现有文献将 Dakin-West 反应的机理解析为：

上述机理自 C 至 P 部分值得商榷。

在自 C 至 E 步骤，极性反应三要素的活性均弱，不易生成噁唑酮（氮杂内酯）中间体 E，而应该存在着催化离去基的过程：

自 G 至 P 阶段，**脱羧机理也应该按照多对电子的 σ- 迁移反应进行**，因为只有这样才具有较低的反应活化能。自 G 至 P 的反应机理修改如下：

此外还存在若干不规范之处：自 H 至 P 过程弯箭头弯曲方向反了，自 A 至 B 过程氮原子作为亲核试剂时没有同步收回其与活泼氢共价键上独对电子等。

◆ 参考文献 ◆

[1] Dakin H D, West R. J Biol Chem, 1928, 78: 91, 745, 757.
[2] Buchanan G L. Chem Soc Rev, 1988, 17: 91-109.

38. Danheiser 成环反应

这是 α,β- 不饱和酮与三甲基硅基丙二烯在 Lewis 酸催化下的成环反应：

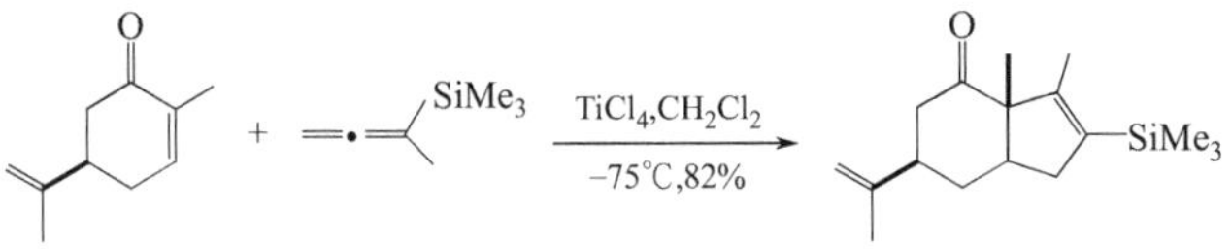

现有文献将 Danheiser 成环反应的机理解析为：

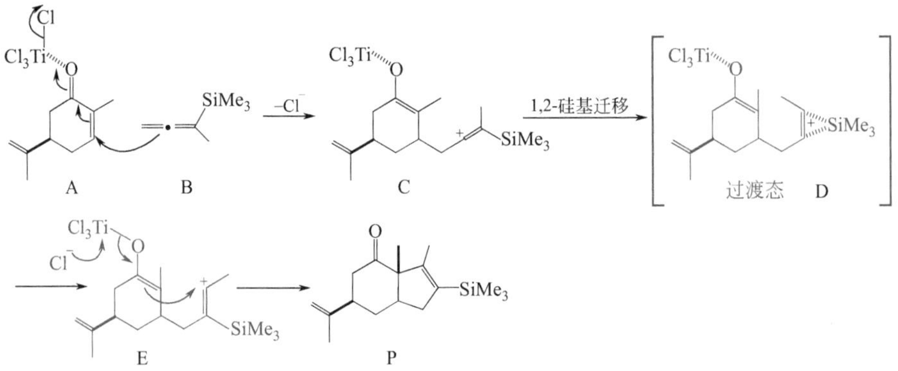

此机理解析式在自 C 至 E 阶段虚构了一个 D 结构过渡态，并将自 C 至 D 的反应命名为 1,2- 硅基迁移，这显然没有表述清楚。

这种结构条件下硅基迁移是可能的，容易理解，如果 π 键的一端带有空轨道，除了自身具有亲电试剂性质之外，不能不吸引 π 键上的独对电子，使其另一端也成了缺电体 - 亲电试剂，这是由 π 键为离域键的性质决定的。

Danheiser 成环反应机理重新解析为：

◆ 参考文献 ◆

[1] Danheiser R L, Carini D J, Basak A. J Am Chem Soc, 1981, 103: 1604.
[2] Danheiser R L, Carini D J, Fink D M, et al. Tetrahedron, 1983, 39: 935.
[3] Danheiser R L, Kwasigroch C A, Tsai Y M. J Am Chem Soc, 1985, 107: 7233.

39. Davis 手性氮氧环丙烷试剂

这是采用手性氮氧环丙烷试剂对羰基 α 位的不对称氧化，生成醇的反应：

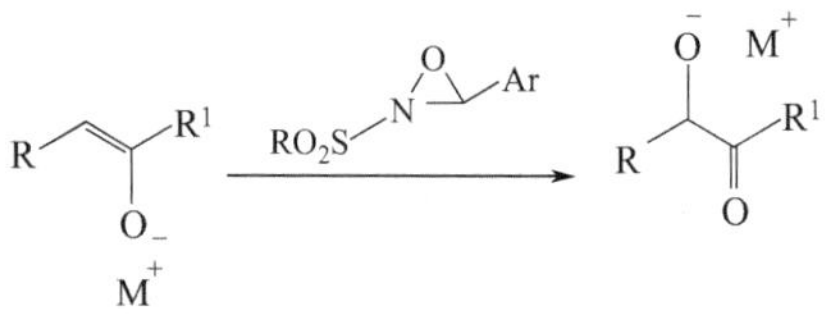

现有文献将 Davis 反应的机理解析为：

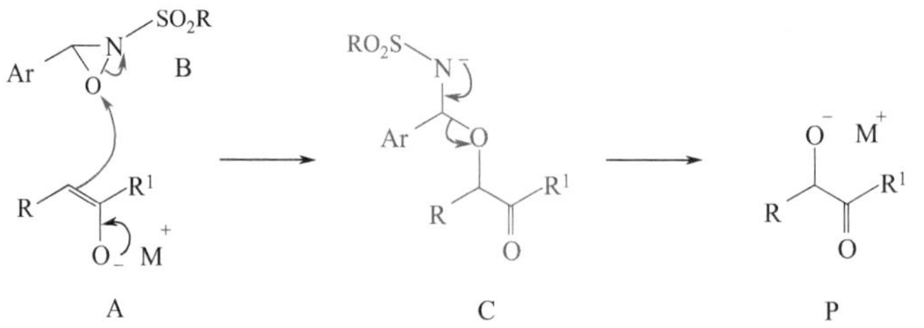

上述机理解析式显然不合理，**颠倒了亲电试剂与离去基的功能**。因为 B 分子氮氧环丙烷结构上氧原子电负性是最大的，因而不可能是缺电体 - 亲电试剂，不可能腾出空轨道接受独对电子成键。而只有氮氧环丙烷上电负性最小的碳原子才是唯一可能的缺电体 - 亲电试剂。

而在烯醇化的 A 分子内，氧原子与其共振位置的 α- 碳原子均属于亲核试剂，A 分子为两可亲核试剂。因此，烯氧基是可能作为亲核试剂与亲电试剂成键的。

故 Davis 反应是无需经过 C 结构中间体的，其反应机理重新解析为：

参考文献

[1] Davis F A, Vishwakarma L C, Billmers J M, et al. J Org Chem, 1984, 49: 3241.
[2] Davis F A, Chen B C. Chem Rev, 1992, 92: 919.

40. De Mayo 反应

这是 1,3-二酮在光催化条件下与烯烃缩合，再重排生成 1,5-二酮的反应。

现有文献将 De Mayo 反应的机理解析为：

头-尾直线排列

较少的位置异构体：

上述机理解析式将 A 与 B 之间的缩合解析成 [2+2] 环加成反应。然而这种两对电子的协同转移过程与光的催化作用无关，因为**光总是催化共价键均裂的因素**。此外，也不应将 β- 二酮式轻易地解释成烯醇式，因为两者之间是互变异构的平衡状态，而恰恰酮羰基的 α 位亚甲基上碳 - 氢共价键的离解能较低，**双羰基中间亚甲基上的碳－氢键的离解能更低**，这是机理解析主要依据之二。

依据如上原理，我们将 De Mayo 反应现有机理解析的 A 与 B 反应生成中间体 C 的反应，按自由基机理解析为：

这才符合反应所必需的光照条件，这才体现共价键离解能的相对大小。至于其较少的异构产物，与主反应机理无异，留给读者自行解析。

◆ 参考文献 ◆

[1] De Mayo P, Takeshita H, Sattar A B M A. Proc Chem Soc, London, 1962: 119.
[2] De Mayo P. Acc Chem Res, 1971, 4: 41-48.

41. Demjanov 重排

这是伯胺经重氮化反应生成重氮盐后，水解生成对应的醇与异构的醇的反应：

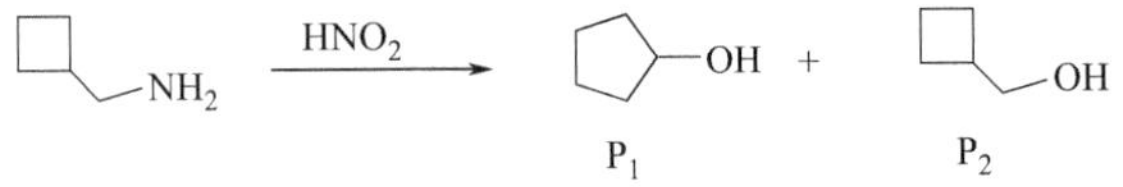

现有文献将 Demjanov 重排反应生成 P_1 的机理解析为：

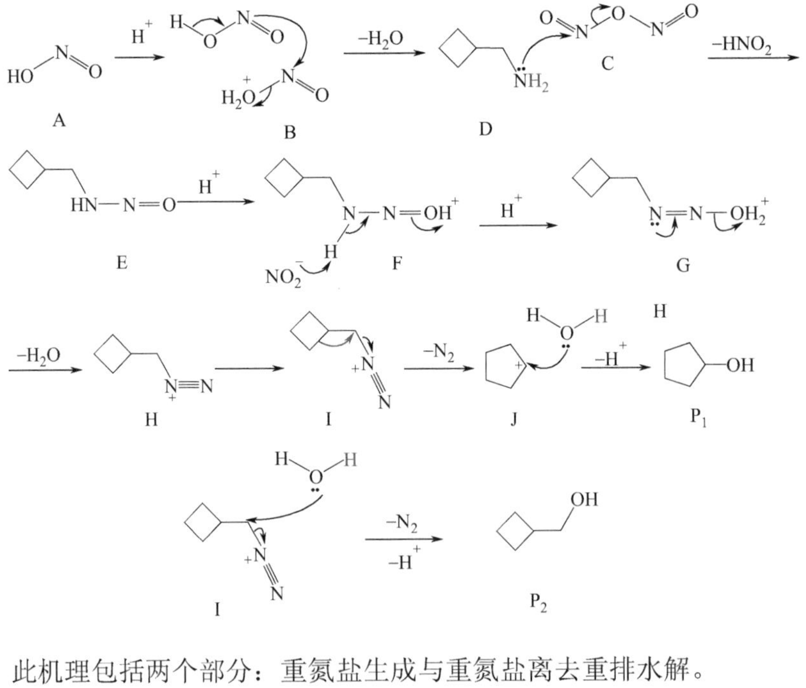

此机理包括两个部分：重氮盐生成与重氮盐离去重排水解。
在重氮盐合成的自 C 至 E 阶段，还可以按照下式解析：

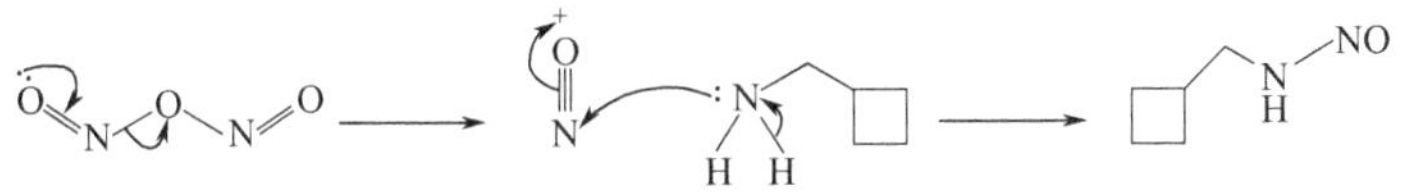

自 H 至 P_1 阶段为典型的缺电子重排。然而**现有机理解析未将所生成的碳正离子表述出来，且烷基迁移过程的电子转移也标注错误。**

Demjanov 重排反应机理解析修改如下：

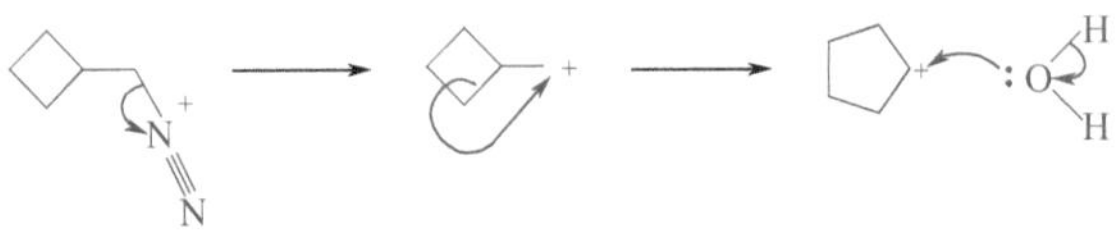

如果按照原有结构 I 中的弯箭头表述电子转移，不能生成五元环结构，只能发生如下反应：

显然，弯箭头弯曲方向明显画反了，电子转移标注错误。

◆ 参考文献 ◆

[1] Demjanov N J, Lushnikov M. J Russ Phys Chem Soc, 1903, 35: 26-42.
[2] Smith P A S, Baer D R. Org React, 1960, 11: 157-188.

42. Dess-Matin 过碘酸酯氧化

这是过碘酸酯将仲醇氧化成酮的反应：

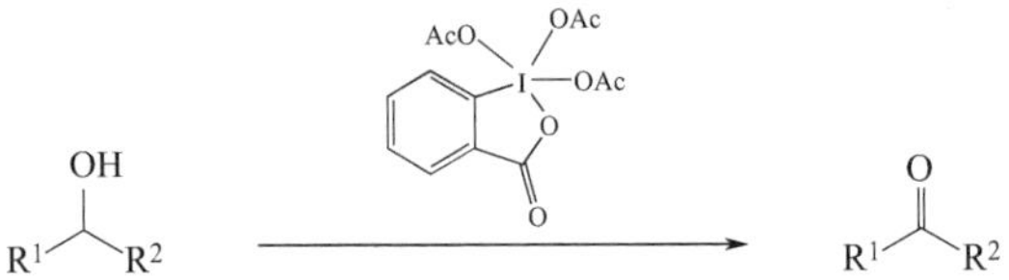

现有文献将 Dess-Matin 过碘酸酯氧化反应的机理解析为：

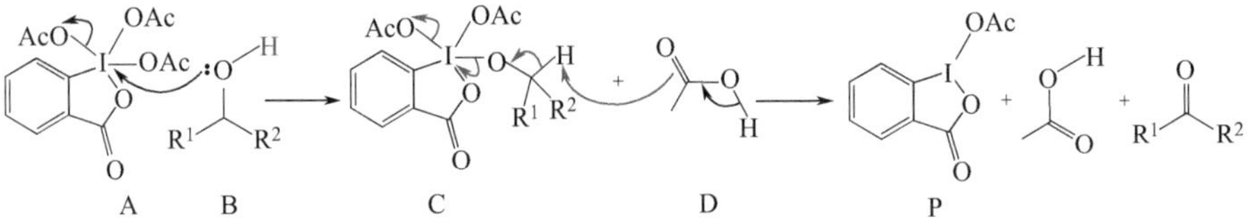

上述机理解析式在 A 与 B 生成 C 的阶段，醇分子上的氧原子与碘成键过程中，应该协同地收回氢氧共价键上的独对电子。

在自 C 至 P 的过程中，现有机理解析显然不合理。

作为还原剂的醇类，只能是其负氢转移才能生成羰基；与碳原子成键的氧原子，也只能在先得到共价键上一对电子条件下再与亲电试剂成键，也就是说氧原子一定处于离去基转化的亲核试剂的位置上。

故 Dess-Matin 过碘酸酯氧化反应机理应该改为负氢转移的 [2,3]-σ 迁移机理：

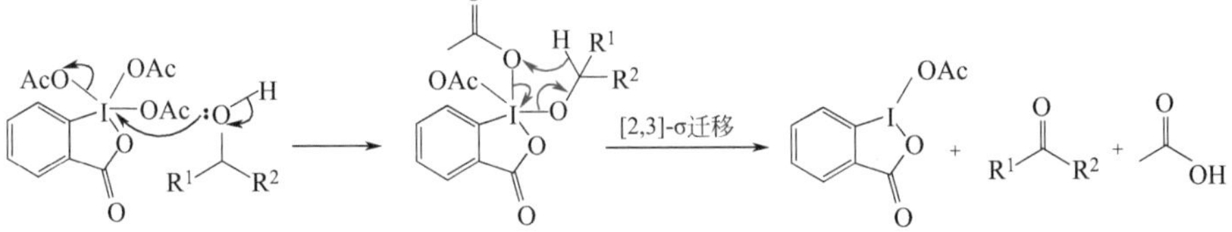

只有这种负氢参与的 [2,3]-σ 迁移的还原反应，才符合氧化还原反应的一般规律。只有这种多对电子协同进行的 [2,3]-σ 迁移，才具有较低的活化能。

◆ 参考文献 ◆

[1] Dess D B, Martin J C. J Org Chem, 1983, 48: 4155-4156.
[2] Dess D B, Martin J C. J Am, Chem Soc, 1991, 113: 7277-7287.

43. Dienone-phenol rearrangement
二烯酮 - 酚重排

这是酸催化 4,4- 二取代二烯酮重排成 3,4- 二取代酚的反应：

现有文献将 Dienone-phenol rearrangement 二烯酮 - 酚重排反应的机理解析为：

$$A \longrightarrow B \xrightarrow{1,2\text{-烷基迁移}} C \xrightarrow{-H^+} D$$

上述机理解析在自 B 至 C 阶段包含的步骤较多，读者难懂其中原理，且烷基迁移的独对电子转移表述错误。

将此步骤分解为两个步骤，且纠正弯箭头的弯曲方向，则缺电子重排机理才能表述得更加清楚：

若按原有文献解析自 B 至 C 过程的电子转移，所得结构完全不同：

由此可见，所谓不规范的解析与错误解析并无区别，不能准确推导出产物结构的所有解析均不可接受。

◆ 参考文献 ◆

[1] Shine H J. In Aromatic Rearrangements, New York: Elsevier, 1967: 55-68.
[2] Schultz A G, Hardinger S A. J Org Chem, 1991, 56: 1105-1111.

44. Doering-La Flamme 丙二烯合成

这是烯烃在碱性条件下与溴仿反应生成二溴环丙烷，再经金属钠还原生成丙二烯的反应：

$$\underset{R^2\ R^4}{\overset{R^1\ R^3}{C=C}} \xrightarrow[\text{(CH}_3\text{)COK}]{\text{CHBr}_3} \underset{R^2\ R^4}{\overset{Br\ Br}{\triangle}}{}^{R^1}_{R^3} \xrightarrow{Na} \underset{R^2\ R^4}{\overset{R^1\ R^3}{C=C=C}}$$

现有文献将 Doering-La Flamme 反应的机理解析为：

$$\text{Br}_3\text{C-H} + {}^-\text{O}t\text{-Bu} \longrightarrow \text{HO}t\text{-Bu} + \overset{\cdot}{\text{C}}\text{Br}_2\text{Br}$$
A, B

$$\xrightarrow[\alpha\text{-消除}]{-\text{Br}^-} :\text{CBr}_2 \equiv \text{``}{}^+_-\text{CBr}_2\text{''}$$
C, D

E → F → (Na(0)) → NaBr + G

H → P

上述机理解析存在较多问题，其中**最明显错误就是混淆了单线态卡宾与三线态卡宾的区别**。

在自 B 至 D 过程中，是由 B 结构上溴负离子离去直接生成 D 结构的，而**并未经过三线态卡宾 C 阶段；三线态卡宾 C 为单线态卡宾 D 的衰减产物，因而具有相对较低的能量；两种卡宾的结构与反应机理完全不同，只有单线态卡宾才按照极性反应三要素的独对电子转移机理进行，而三线态卡宾只能按照自由基机理进行。故标注 C 结构为画蛇添足之举，与本机理解析无关，且与初始原料的电子转移不符。**

在由 D 与 E 生成二溴环丙烷中间体 F 的反应过程中，**表述独对电子转移标注的弯箭头弯曲方向画反了**；而由 F 与金属钠反应生成 G 的过程又没有电子转移表述，这些均属于反应机理解析过程的不规范。

自 G 至 P 的反应过程不可能经过三线态卡宾 H 阶段，**三线态卡宾是不可能发生独对电子转移反应的**。因为在三线态卡宾结构上，两个单电子并非处于同一轨道，既无独对电子也无空轨道的三线态卡宾无法进行独对电子转移。故 H 结构画错了，应改成单线态卡宾结构。

综合上述，Doering-La Flamme 丙二烯合成反应机理的自 D、E 之后部分重新解析如下：

参考文献

[1] Doering W Von E, LaFlamme P M. Tetrahedron, 1958, 2: 75.
[2] Skattebol L. Tetrahedron Lett, 1961: 167.

45. Dornow-Wiehler 异噁唑合成

这是芳醛与 α-硝基酯在碱性条件下生成异噁唑的反应：

现有文献将 Dornow-Wiehler 异噁唑合成反应机理解析为：

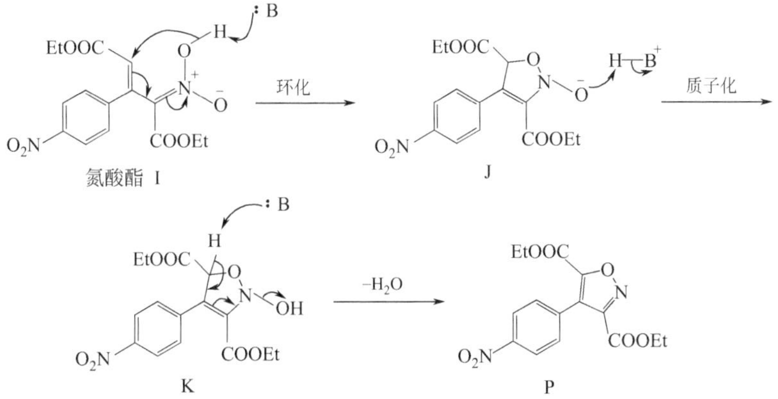

本机理解析自 H 至 I 的异构机理错误。

由双离子结构的氮叶立德试剂 H 转化为氮酸酯的假酸式结构 I，必须经过三元环状结构阶段，此步反应为标准的富电子重排过程。原理非常简单，氮正离子是离去基，而与其成键的双键氧原子才是缺电体 - 亲电试剂。

由于三元环状中间体并不稳定，由氮原子上独对电子的亲核活性所决定，较容易转化成假酸式结构：

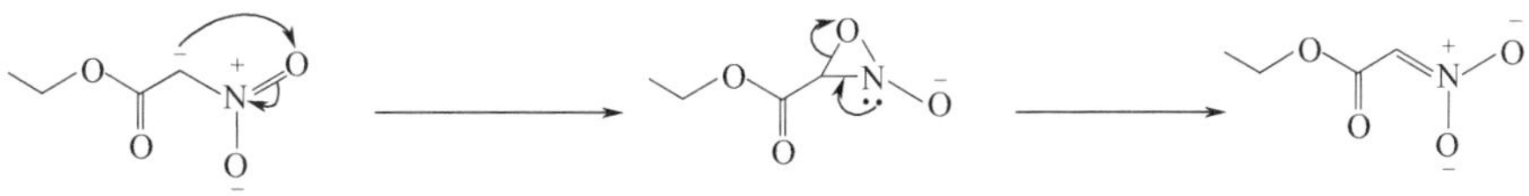

自 I 至 K 的过程应该简化，没有必要经过 J 结构阶段：

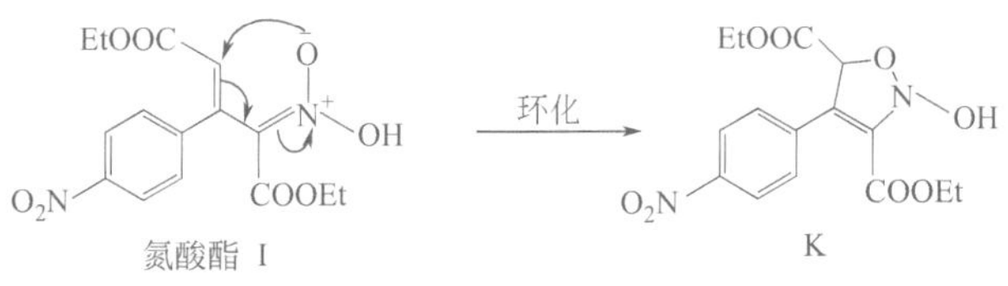

参考文献

[1] Dornow A, Wiehler G. Justus Liebigs Ann Chem, 1952, 578: 113.
[2] Dornow A, Wiehler G. Justus Liebigs Ann Chem, 1952, 578: 122.
[3] Umezawa S, Zen S. Bull Chem Soc Jpn, 1963, 36: 1150.

46. Dutt-Wormall 反应

这是磺酰胺与重氮盐反应生成叠氮化合物的反应：

$$Ar-N_2^+ \xrightarrow[2.\bar{O}H]{1.TsNH_2} Ar-N_3$$

现有文献将 Dutt-Wormall 反应的机理解析为：

对于上述机理解析，有许多问题值得商讨：

在 A 与 B 生成 C 的过程中，亲核试剂 N 原子应同步收回与活泼氢成键的一对电子。

由 C 结构去质子化的基团生成的未必就是 D 结构，应该是 E 与 D 两种结构的共振。

由 D 中间体也可以通过另一机理生成叠氮化合物。

由中间体 E 也能生成叠氮化合物：

在原有机理解析式中，最后画出了叠氮化物的三种结构，分别为 F、G、P。其中 P 结构太过抽象，而 F、G 比较具体。然而哪种结构更确切，只能根据叠氮化物的物理性质与化学性质判断。

根据叠氮酸的沸点为 37℃，三甲基硅基叠氮化物的沸点为 95℃ 判断，叠氮化物的极性极弱，因而分子间力较小。这就决定了分子内不可能带有离子对，其可能的结构只能是三元环，至少在气相状态下是如此。

然而，三元环状化合物并不稳定，在外界电场或极性溶剂影响之下，三元环状化合物会极化变形而发生分子内的异构，生成离子对试剂，因而具有较强的反应活性。

我们可以根据其化学性质判断离子对试剂的结构及其异构循环：

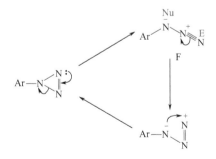

显然，**上述三元环及其异构的离子对结构 F 与叠氮化合物的物理化学性质相符**，即亲核试剂、亲电试剂与离去基的位置与实际化学反应完全一致。

而文献中所解析的 G 结构，尽管理论上仍存在着如下异构平衡，但其亲核试剂与亲电试剂的位置显然颠倒了。

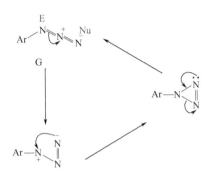

原有机理解析认为 F 与 G 可以直接相互转化，这是不可能的。**即便 G 结构存在也不可能由 F 结构直接转化，非得经过三元环结构不可。**

◆ 参考文献 ◆

[1] Dutt J C, Whitehead H R, Wormall A. J Chem Soc, 1921, 119: 2088.
[2] Laing I G. In Rodd's Chemistry of Carbon Compounds IIIC, 1973: 107.

47. Eglinton 反应

这是在碱催化作用下,终端炔烃与 Cu(OAc)$_2$ 的氧化偶联反应:

$$R-\!\!\!=\!\!\!-H \xrightarrow[\text{Py/MeOH}]{\text{Cu(OAc)}_2} R-\!\!\!=\!\!\!=\!\!\!-R$$

现有文献将 Eglinton 反应的机理解析为:

$$R-\!\!\!=\!\!\!-H \xrightarrow{\text{Py}} \text{[PyH]}^+ + R-\!\!\!=\!\!\!-^- \xrightarrow{\text{Cu(OAc)}_2}$$
$$\quad A \qquad\qquad\qquad\qquad\qquad B$$

$$\underset{C}{R-\!\!\!=\!\!\!\cdot \quad \cdot\!\!\!=\!\!\!-R} \xrightarrow{\text{二聚}} \underset{P}{R-\!\!\!=\!\!\!=\!\!\!=\!\!\!-R}$$

本机理并未解析自 B 至 C 过程是怎么进行的。补充如下:

$$R-\!\!\!=\!\!\!-\!\!\!-Cu(OAc)_2 \longrightarrow R-\!\!\!=\!\!\!\wedge\!\!\!-Cu-OAc \longrightarrow R-\!\!\!=\!\!\!\cdot$$

一般来说,炔-铜共价键是容易均裂而生成自由基的。

参考文献

[1] Eglinton G, Galbraith A R. Chem Ind, 1956: 737.
[2] Eglinton G, McRae W. Adv Org Chem, 1963, 4: 225.

48. Eschenmoser 偶联反应

这是在碱催化作用下硫酰胺与卤代乙酸酯的偶联反应:

$$\underset{\text{硫酰胺}}{R-\underset{\underset{R^1}{|}}{\overset{\overset{S}{\|}}{C}}-N-R^2} \xrightarrow[\text{2. 碱,亲硫体}]{1. X\text{—}CH_2R^3} R-\underset{\underset{R^1}{|}}{\overset{R^3}{C}=\underset{}{C}-N-R^2}$$

如:

t-BuOOC—(吡咯烷-2-硫酮,N-Bn) $\xrightarrow[\text{2. PPh}_3, Et_3N, 90\%]{1. BrCH_2COOCH_3}$ t-BuOOC—(吡咯烷-2-亚基-CH-COOCH$_3$,N-Bn)

现有文献将 Eschenmoser 偶联反应的机理解析为:

(机理图: A → C → D → E → P + S⁻—PPh₃⁺ ⇌ S=PPh₃)

此机理解析有三个问题。

一是 A 与 B 缩合生成 C 的阶段，双分子是难以缩合的，因为双键硫原子的亲核活性极弱。

二是 A 与 B 缩合过程的电子转移方向标注错了。

三是自 E 至 P 过程中三元环上硫原子不是亲电试剂，不能与亲核试剂成键。

纠正如上问题，Eschenmoser 偶联反应过程中，中间体 E 的合成机理重新解析如下：

本反应中间体 E 还可以按照卡宾机理进行：

由中间体 E 制备产物的反应机理重新解析如下：

参考文献

[1] Roth M, Dubs P, Gotschi E, et al. Helv Chim Acta, 1971, 54: 710.

49. Eschenmoser-Tanabe 碎片化

这是 α,β- 环氧酮生成 α,β- 环氧砜腙，再发生碎片化的反应：

现有文献将 Eschenmoser-Tanabe 碎片化反应的机理解析为：

本机理自 B 至 C 阶段的解析不完整，读者难以读懂反应的内在规律。**应将其分解成多个步骤，清晰地表述其为缺电子重排反应机理。**

参考文献

[1] Eschenmoser A, Felix D, Ohloff G. Helv Chim Acta, 1967, 50: 708-713.
[2] Tanabe M, Crowe D F, Dehn R L. Tetrahedron Lett, 1967: 3943-3946.
[3] Felix D, Müller R K, Horn U, et al. Helv Chim Acta, 1972, 55: 1276-1319.

50. Étard 反应

这是以铬酰氯氧化芳甲基成醛基的反应:

$$\text{C}_6\text{H}_5\text{CH}_3 \xrightarrow{\text{CrO}_2\text{Cl}_2} \text{C}_6\text{H}_5\text{CHO}$$

现有文献将 Étard 反应的机理解析为:

此机理解析存在的问题很多,自 A 至 E 过程结构上模糊,自 F 至 P 过程解析不合理。

按照 F 结构的电子转移,根本得不到 P 结构,只能得到卡宾及其衍生物。

因为**碳负离子的电负性远低于氧原子，氧原子容易得到其与碳负离子之间共价键上的独对电子离去**。

按照 F 结构的电子转移，实际上是将氧原子摆在了亲电试剂的位置上，这根本不可能。因为与苄基成键的氧原子的电负性是最大的，它只能得到电子之后用得到的这对电子与缺电体亲电试剂成键。而本机理解析是氧原子先失去电子腾出的空轨道再接受一对电子，这分明是将氧原子放在了亲电试剂的位置上，因而比较荒唐。

对于氧化还原反应来说，还原剂结构上必须存在负氢转移过程，而 **Étard 反应就是两次负氢转移的 [2,3]-σ 重排过程**。

◆ 参考文献 ◆

[1] Étard A L. Compt Rend, 1880, 90: 524.
[2] Hartford W H, Darrin M. Chem Rev, 1958, 58: 1.(Review)

51. Favoskii；Quasi-Favoskii 重排

这是 α-卤代酮与碱的加成取代反应：

现有文献将 Quasi-Favoskii 重排反应的机理解析为：

自 B 至 P 过程的电子转移标注不对，按照此种电子转移只能得到如下结构化合物：

应该纠正为：

这里 σ 键上独对电子依附于哪一个原子是必须清晰和严格的，否则造成电子转移的方向与生成的产物不对应。

参考文献

[1] Favorskii A E. J Prakt Chem, 1895, 51: 533-563.
[2] Favorskii A E. J Prakt Chem, 1913, 88: 658.
[3] Wagner R B, Moore J A. J Am Chem Soc, 1950, 72: 3655-3658.

52. Feist-Bénary 呋喃合成

这是 α- 卤代烃与 β- 酮酯在吡啶催化下生成呋喃的反应:

现有文献将 Feist-Bénary 呋喃合成反应的机理解析为:

在上述机理解析过程中，B 结构与 C 结构成键的弯箭头弯曲方向错了，D 结构上羰基与卤代碳原子成键的弯箭头的弯曲方向也错了。**标注电子转移的弯箭头弯曲方向一定要准确，否则推测出的产物结构必然错误。**

在上述机理解析过程中，E 结构上醚键氧原子的独对电子作为亲核试剂是错误的，而吡啶作用下的消除反应更加容易。换句话说，自 E 至 P 过程不必经过 F 阶段，而可以直接消除生成 P。

综上所述，Feist-Bénary 呋喃合成反应机理重新解析为:

这里存在一个亲核试剂活性排序问题，吡啶氮原子的亲核活性远强于醚键氧原子的亲核活性。

◆ 参考文献 ◆

[1] Feist F. Ber, 1902, 35: 1537-1544.
[2] Bénary E. Ber, 1911, 44: 489-492.

53. Fischer-Hepp 反应

这是 N-亚硝基苯胺酸催化条件下转化为 2- 或 4-亚硝基苯胺的过程：

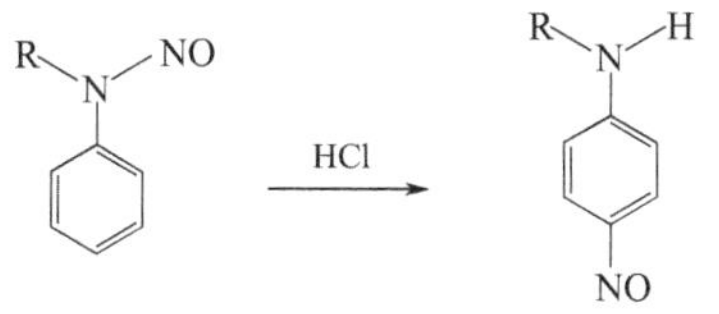

现有文献将 Fischer-Hepp 反应的机理解析为：

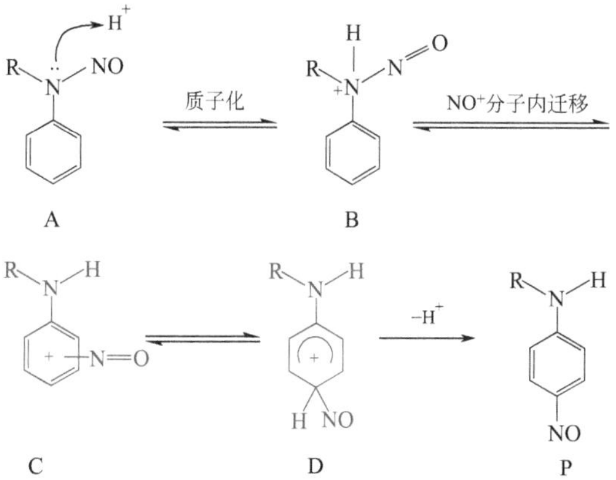

此反应机理解释为亚硝基迁移的依据不足，应该分为两个步骤：第一步是亚硝基离去，第二步是亚硝基取代。

在亚硝基离去步骤，设定亲核试剂氯负离子参与反应则更加合理。

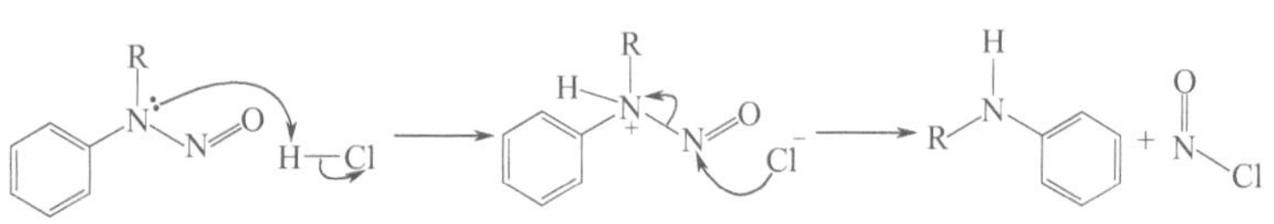

在亚硝基取代步骤，原有机理解析沿袭了传统的模糊概念，构思出了 C

（π 络合物）和 D（σ 络合物）。这种解析显然不能令人满意。缺陷有五个：

一是将此反应命名为亲电取代反应，这样没有标注也无法标注电子转移的弯箭头，回避了电子转移这一有机反应的本质规律。

二是构思出的 C 结构（π 络合物）和 D 结构（σ 络合物）过于模糊，应该明确其真正的结构。

三是认为生成产物 P 必须经过 D 结构（σ 络合物），这颠倒了中间体的活性次序。

四是所谓的 C 结构（π 络合物）与 D 结构（σ 络合物）均属于中间状态的分子内共振式，属于机理解析的次要环节，而分子间的电子转移过程才是机理解析的关键，此机理解析避重就轻、主次颠倒。

五是对于含有活泼氢的芳胺、苯酚类芳烃与亲电试剂成键过程，根本未经过 C 结构（π 络合物）和 D 结构（σ 络合物）阶段，它的中间状态根本没有正电荷存在。

依据如上观点，Fischer-Hepp 反应亚硝基取代步骤的反应机理重新解析为：

由此可见，**在具有活泼氢的芳烃与亲电试剂的加成中间体内，并不存在正电荷结构**。

◆ 参考文献 ◆

[1] Fischer O, Hepp E. Ber Dtsch Chem Ges, 1886, 19: 2991.

54. Fleming 氧化

这是仲碳硅烷被过氧羧酸氧化成醇的反应：

$$\underset{R}{\overset{SiMe_2Ph}{\underset{R^1}{|}}} \xrightarrow[\text{3. 水解}]{\text{1. HX} \atop \text{2. ArCO}_3\text{H,碱}} \underset{R}{\overset{OH}{\underset{R^1}{|}}}$$

构型保留

现有文献将 Fleming 氧化反应的机理解析为：

[图: M → N → P 结构式，酸性后处理]

Fleming 氧化反应是分三步进行的，先后生成 C、K、P 三个产物。

第一步反应所生成的 B 分子结构错了，自 B 至 C 的消除反应根本不存在。因为与硅基成键的才是碳正离子，也正是由于碳正离子具有较大电负性才容易离去的。

而自 B 至 C 过程应有一个中间状态，即卤负离子与硅的络合物。因为硅原子处于第三周期，是可能利用其 d 轨道接受独对电子的，而**正是由于硅负离子的生成其电负性下降，才有利于离去基离去。**

故 Fleming 氧化反应自 A 至 C 的步骤应该改为：

[反应机理图]

当然，可以协同地表达络合、解离过程：

[反应机理图]

上述过程离去的卡宾异构化成苯：

[反应机理图]

第二步反应的自 C 至 G 部分问题更多。

D 分子上氧原子与硅原子成键时应同步收回其与氢原子成键的独对电子。

在 C 与 D 成键生成 E 结构之后，正是离去基离去的时机，应该直接重排成 G 结构，不应该经过 F 阶段。

自 F 至 G 过程的烷基迁移弯箭头表述错误。本步**烷基迁移就是缺电子重排反应机理**，若将其分解成两步解析，才容易理解过程与原理。

综合如上讨论，第二步反应自 C 至 G 部分反应机理改为：

这样的机理解析，才是过程与原理的形象化表述，符合化学反应的一般规律。

此外，自 H 至 I 的弯箭头表述错误，请读者修正。

◆ 参考文献 ◆

[1] Fleming I, Henning R, Plaut H. J Chem Soc, Chem Commun, 1984: 29-31.

[2] Fleming I, Sanderson P E J. Tetrahedron Lett, 1987, 28: 4229-4232.

[3] Fleming I, Dunoguès J, Smithers R. Org React, 1989, 37: 57-576.

55．Glaser 偶联

这是氯化亚铜催化条件下，炔烃的氧化偶联反应：

$$\text{Ph}-\text{C}\equiv\text{C}-\text{H} \xrightarrow[\text{NH}_4\text{OH,EtOH}]{\text{CuCl,O}_2} \text{Ph}-\text{C}\equiv\text{C}-\text{C}\equiv\text{C}-\text{Ph}$$

现有文献将 Glaser 偶联反应的机理解析为：

$$\underset{A}{\text{Ph}-\text{C}\equiv\text{C}-\text{H}} + \text{CuCl} \xrightarrow{\text{碱}} \underset{B}{\text{Ph}-\text{C}\equiv\text{C}-\text{Cu(I)}}$$

$$\xrightarrow{\text{O}_2} \underset{C}{\text{Ph}-\text{C}\equiv\text{C}-\text{Cu(II)}} \longrightarrow \underset{D}{\text{Ph}-\text{C}\equiv\text{C}\cdot} + \text{Cu(I)}$$

$$\underset{E}{2\,\text{Ph}-\text{C}\equiv\text{C}\cdot} \xrightarrow{\text{二聚}} \underset{P}{\text{Ph}-\text{C}\equiv\text{C}-\text{C}\equiv\text{C}-\text{Ph}}$$

此机理解析存在两个问题：

一是自 A 至 C 过程**没有电子转移标注，因而机理表述不清**，甚至无法区分是单电子转移还是独对电子转移过程。

二是**混淆了离子键与共价键，不能将氯化亚铜理解为一价铜离子**。在氯化亚铜分子内，氯原子的电负性为 3.5，铜原子的电负性为 1.9，两者相差 1.6，小于共价键与离子键的界限 1.7，应该属于共价键结构，标注成离子键结构不准确。至于标注出的二价铜离子就更不准确了。

故自 A 至 D 的芳炔自由基的生成机理应该完整表达为：

$$\text{Ph}-\text{C}\equiv\text{C}-\text{H} \quad \text{B}^- \longrightarrow \text{Ph}-\text{C}\equiv\text{C}^- \quad \text{Cu}-\text{Cl} \xrightarrow{-\text{HCl}}$$

$$\text{Ph}\!-\!\!\equiv\!-\text{Cu}\cdot \quad \text{O}\!=\!\text{O} \quad \text{H}\!-\!\text{Cl} \xrightarrow[\text{SET}]{\cdot\text{O}-\text{OH}} \text{Ph}\!-\!\!\equiv\!-\overset{+}{\text{Cu}} \quad \text{Cl}^{-}$$

$$\xrightarrow{-\text{HO}\bar{\text{O}}} \text{Ph}\!-\!\!\equiv\!\!\underset{\text{Cu Cl}}{\frown}\!\! \longrightarrow \text{Ph}\!-\!\!\equiv\!\cdot \;+\; \text{Cu Cl}$$

◆ 参考文献 ◆

[1] Glaser C. Ber, 1869, 2: 422–424.

[2] Siemsen P, Livingston R C, Diederich F. Angew Chem Int Ed, 2000, 39: 2632–2657.(Review)

56. Grignard 反应

这是卤代烷烃或卤代芳烃与镁生成金属有机化合物，再与酮生成醇的反应：

$$R-X \xrightarrow{Mg(0)} R-MgX \xrightarrow{R^1COR^2} \underset{\underset{OH}{|}}{R^1}\underset{}{\overset{R^2}{\underset{|}{C}}}R$$

现有文献对 Grignard 试剂的生成机理解析如下。

第一，格氏试剂的生成。

第二，格氏反应。

离子机理：

自由基机理：

上述 Grignard 试剂的生成机理虽然指出了它是发生在金属镁的表面上，且生成了自由基，然而仍不具体。实际上格氏试剂的生成机理应该分成两种：一种是自引发机理，另一种是自由基催化机理。

自引发机理就是金属表面的单电子转移过程：

$$R-X\colon\ \cdot Mg\cdot\ \longrightarrow\ \begin{bmatrix}R\overset{+}{\frown}X\\|\\ \underset{-}{Mg}\end{bmatrix}\ \xrightarrow{SET}\ R\frown MgX\ \longrightarrow\ R-MgX$$

自由基催化机理生成的 Grignard 试剂是通过加入自由基引发剂来实现的。

根据 Schlenk 平衡：

$$2R-Mg-X\ \rightleftharpoons\ R-Mg-R\ +\ X-Mg-X$$

容易推导出如下两个平衡存在：

$$R\frown Mg-X\ \rightleftharpoons\ R\cdot\ +\ \cdot MgX$$

$$R-Mg\frown X\ \rightleftharpoons\ RMg\cdot\ +\ X\cdot$$

这就说明反应体系内是 4 种自由基的共存状态，只要这 4 种自由基存在一种，便可引发 Grignard 试剂的生成，因而进入自由基链传递阶段。

$$R\frown\cdot Mg\cdot\ \longrightarrow\ RMg\frown X-R\ \longrightarrow\ RMgX\ +\ R\cdot$$

$$X\frown\cdot Mg\cdot\ \longrightarrow\ XMg\frown R-X\ \longrightarrow\ RMgX\ +\ X\cdot$$

直至该反应的终止：

$$X\frown\cdot Mg\cdot\frown\cdot R\ \longrightarrow\ RMgX$$

正因为如此，具有较小离解能的碘分子常被用于引发格氏试剂的生成。

参考文献

［1］Grignard V. C R Acad Sci, 1900, 130: 1322-1324.

［2］Ashby E C, Laemmle J T, Neumann H M. Acc Chem Res, 1974, 7: 272-280.（Review）

［3］Ashby E C, Laemmle J T. Chem Rev, 1975, 75: 521-546.（Review）

57. Guareschi-Thorpe 缩合反应

这是氰基乙酸乙酯与 β- 二酮在氨存在下生成 2- 吡啶酮的反应：

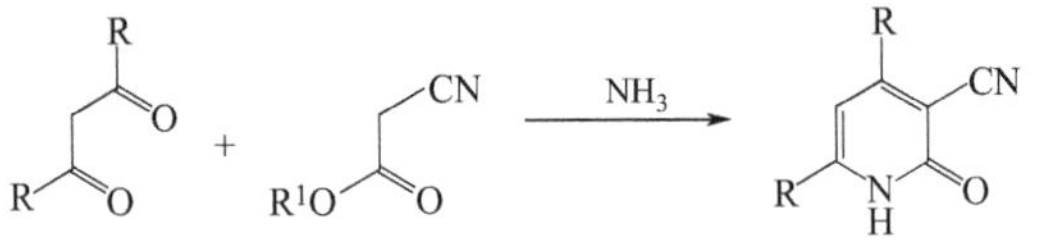

现有文献将 Guareschi-Thorpe 缩合反应的机理解析为：

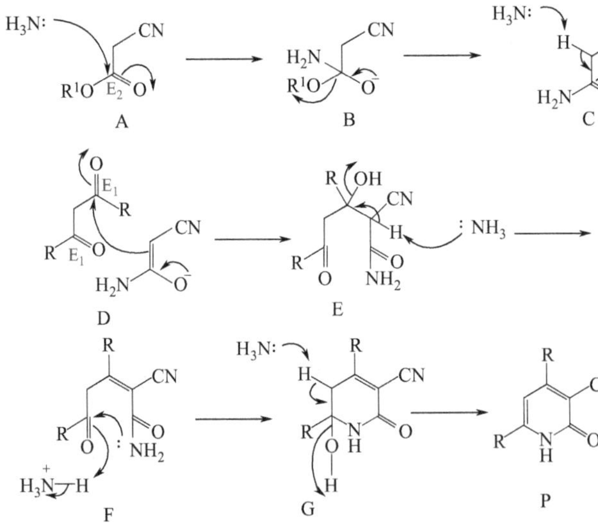

此机理解析错误地估计了反应物各基团间的结活关系（分子结构与反应活性的关系）排序。既然酯羰基能够与氨生成酰胺，那么比酯羰基更具亲电活性的酮羰基应更容易与氨基成键。

因而后续的反应机理相应地改为：

◆ 参考文献 ◆

[1] Guareschi I. Mem R Accad Sci Torino, 1896, II: 7, 11, 25.
[2] Baron H, Renfry F G P, Thorpe J F. J Chem Soc, 1904, 85: 1726-1961.

58. Hantzsch 吡啶合成

这是醛、β-酮酯与氨缩合生成二氢吡啶，再经硝酸氧化生成吡啶的反应：

现有文献将 Hantzsch 吡啶合成反应的机理解析为：

此机理解析在制备二氢吡啶阶段忽略了醛羰基与酮羰基的活性次序。**既然酮羰基能够与氨生成亚胺，那么比酮羰基亲电活性更强的醛羰基更容易与氨基成键：**

后续生成二氢吡啶的反应机理应该相应地改为：

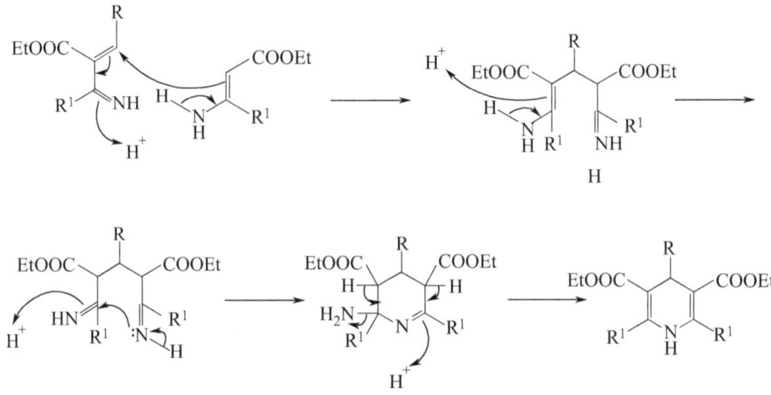

由硝酸氧化二氢吡啶成吡啶的反应机理，现有文献没有解析。现补充如下：

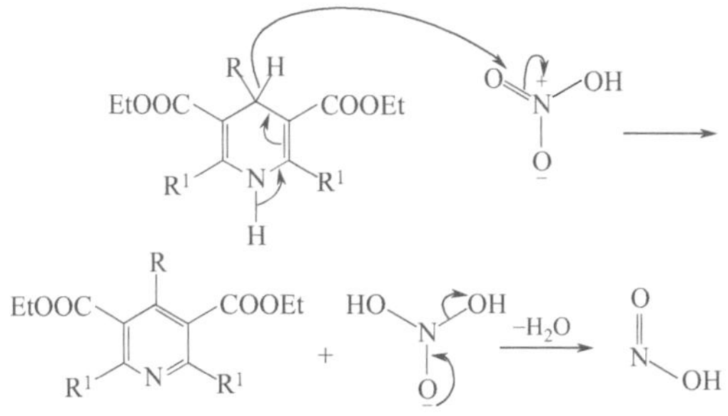

参考文献

[1] Hantzsch A. Ann, 1882, 215: 1-83.

59. Hantzsch 吡咯合成

这是 α-氯甲酮、β-酮酯与氨合成吡咯的反应：

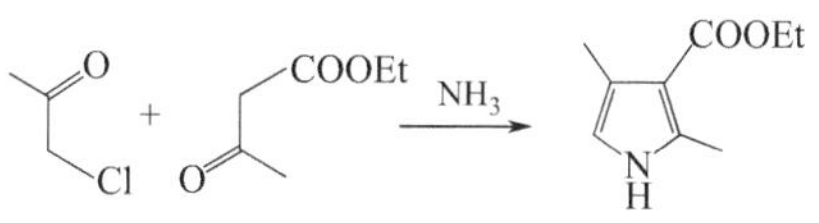

现有文献将 Hantzsch 吡咯合成反应的机理解析为：

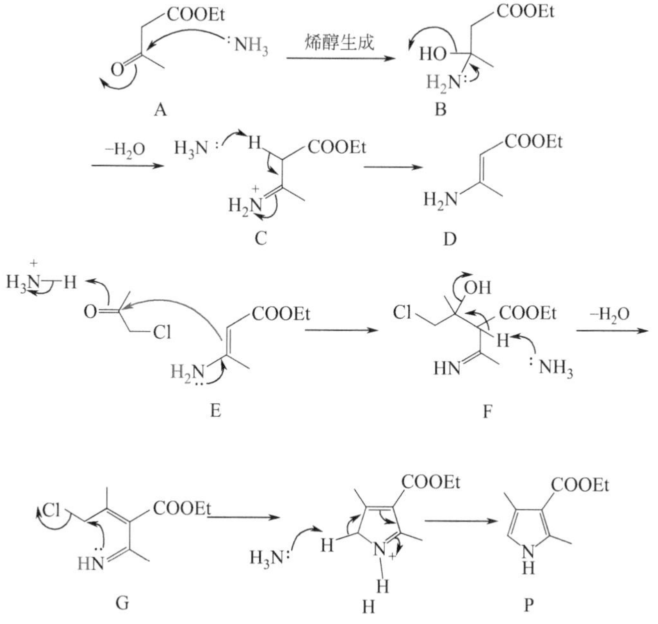

上述机理解析存在两个问题：
一是自 E 至 F 阶段 π 键电子转移的弯箭头弯曲方向反了。
二是**反应体系内的两个酮羰基，其活性相当，均应生成亚胺，不应有活**

性差异。α-氯甲酮上羰基同样能与氨成键生成亚胺：

后续的反应机理应该相应地改为：

◆ 参考文献 ◆

[1] Hantzsch A. Ber, 1890, 23: 1474-1483.

60. Haworth 反应

这是芳环与丁二酸酐之间发生 Friedel-Crafts 反应之后，接着发生还原反应，再一次发生 Friedel-Crafts 反应得到四氢萘酮的反应。

现有文献将 Haworth 反应的机理解析为：

在自 D 至 E 的过程中，并未解析**羰基是如何被锌粉还原成亚甲基的**。

现补充如下：

参考文献

[1] Haworth R D. J Chem Soc, 1932: 1125.
[2] Agranat I, Shih Y. J Chem Educ, 1976, 53: 488.

61. Heck 反应

这是在钯催化作用下烯烃与卤代物或三氟磺酸酯之间的偶联反应：

$$R-X \xrightarrow[\diagdown Z]{Pd(0)} R \diagup\!\!\!\diagdown Z$$

X=I,Br,OTf 等
Z=H,R,Ar,CN,CO_2R,OR,OAc,NHAc 等

现有文献并未详细解析 Heck 反应机理，而只给出了钯催化剂的催化循环反应过程：

在 Heck 反应催化循环式中，B 结构不应表示成 Pd（Ⅱ），即将 Pd 理解成 +2 价不合理。因为依据 Sandeson 电负性均衡原理，**当与强电负性的卤原子成键后，钯的电负性显著增大，其与碳原子共价键上独对电子不再偏向碳原子一方，不然的话也不会发生后续的消除还原反应。**

在 Heck 反应催化循环式中，C 结构更是模糊不清，难以为读者所理解，且表示电子转移的弯箭头方向错了。

现将 Heck 反应机理重新解析为：

依据如上反应机理，Heck 反应的催化循环过程修改为：

参考文献

[1] Heck R F, Nolley J P. J Am Chem Soc, 1968, 90: 5518-5526.
[2] Heck R F. Acc Chem Res, 1979, 12: 146-151.(Review)
[3] Heck R F. Org React, 1982, 27: 345-390.(Review)

62. Hegedus 吲哚合成

这是二氯化钯参与的烯丙基苯胺氧化、环合为吲哚的反应。实例如下:

$$\text{MeOOC-C}_6\text{H}_3(\text{NH}_2)(\text{CH}_2\text{CH=CH}_2) \xrightarrow[\text{2. Et}_3\text{N, 84\%}]{\text{1. PdCl}_2(\text{CH}_3\text{CN})_2,\text{THF}} \text{MeOOC-indole-2-CH}_3$$

现有文献将 Hegedus 吲哚合成反应的机理解析为:

A $\xrightarrow[\text{钯化}]{\text{PdCl}_2(\text{CH}_3\text{CN})_2}$ B $\xrightarrow{\text{Et}_3\text{N}}$ C $\longrightarrow$ D $\xrightarrow[-\text{"PdH"}]{-\text{HCl}}$ E $\xrightarrow{\text{"PdH"}}$ F $\xrightarrow{\beta\text{-消除}}$ P

此机理解析不合理。

其中的 B、C、D 分子结构过于抽象,难以理解。

自 A 至 B 过程的 Pd 显然是接受了两对电子成键,可是,离去基并未离去,这违背了极性反应的一般规律。

自 B 至 C 过程竟然是三乙胺取代了离去活性不强的苯胺而不是氯，结活关系颠倒。

自 C 至 D 过程竟然是在 Pd 带有负电荷的条件下，氯原子带着一对电子离去，违背了电子转移的基本常识。

Hegedus 吲哚合成反应机理重新解析如下：

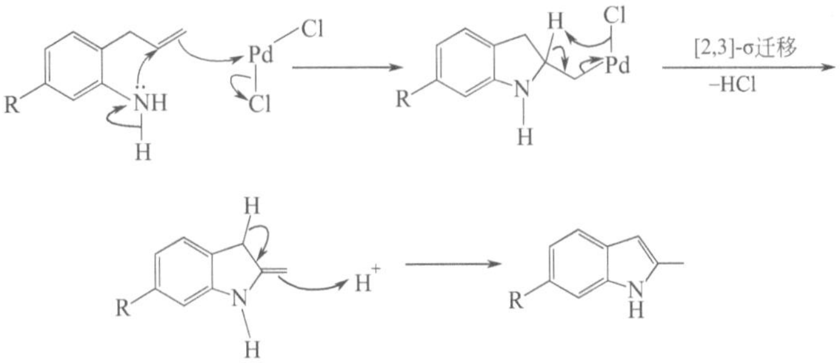

这样的过程才清楚地表明了各个极性反应的串联过程，每个极性反应过程的三要素清晰可见，三乙胺的加入仅仅是与 [2,3]-σ 迁移反应所生成的氯化氢成盐。

◆ 参考文献 ◆

[1] Hegedus L S. Angew Chem Int Ed, 1988, 27: 1113–1126.（Review）
[2] Hegedus L S, Winton P M, Varaprath S. J Org Chem, 1981, 46: 2215–2221.

63. Herz 反应

这是苯胺与二氯化二硫之间环化，再经碱处理生成 α-氨基硫酚的反应：

现有文献将 Herz 反应的机理解析为：

本机理对于基团功能的认识自相矛盾。

由原子的电负性容易判断，在二氯化二硫分子内，硫原子为缺电体亲电试剂，而氯原子是能够带着一对电子离去而腾出空轨道的离去基。

$$Cl-S\overset{\delta^+}{-}S\overset{\delta^-}{-}Cl$$

在现有机理解析式中，苯胺 A 与二氯化二硫的反应，是将硫原子作为亲电试剂的，这是正确的。而在分子 D 为亲核试剂时，则颠倒了二氯化二硫分子内亲电试剂与离去基的位置，因而违反了电子转移最基本的规律。

故自 E 至 P 过程的反应机理修改如下：

在上述机理解析式中，二氯化二硫中硫原子毫无疑问是亲电试剂，氯原子带着一对电子离去。稍后与水加成，再在六元环内进行三对电子协同转移的 [3,3]-σ 迁移反应，该反应具有较低的活化能。

◆ 参考文献 ◆

[1] Herz R. Ger Pat, 1914, 360: 690.
[2] Ried W, Valentin J. Justus Liebigs Ann Chem, 1966, 699: 183.

64. Henry（硝醇）反应

这是硝基烷烃在碱与卤化亚铜作用下加成的反应：

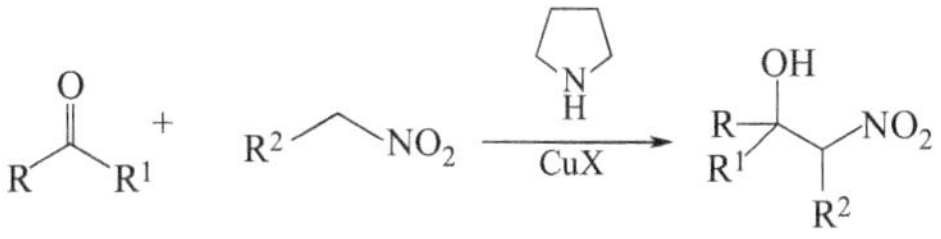

现有文献将 Henry（硝醇）反应的机理解析为：

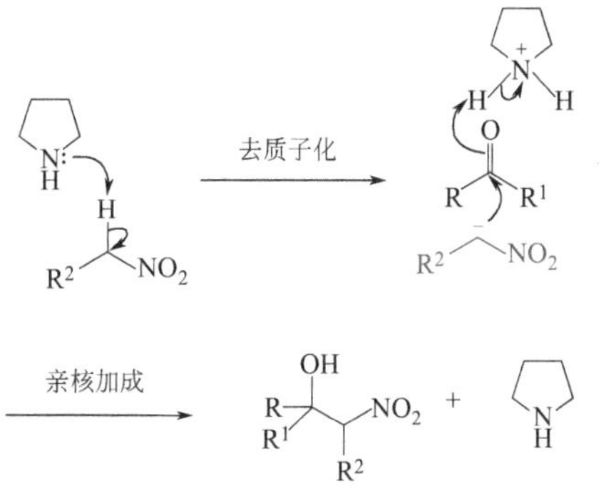

此机理解析乍看有理，实则错误。因为**此机理解析忽略了一个重要因素——卤化亚铜的催化作用**。

由于硝基烷烃与碱作用生成的碳负离子并不稳定，容易发生重排反应生成假酸式结构：

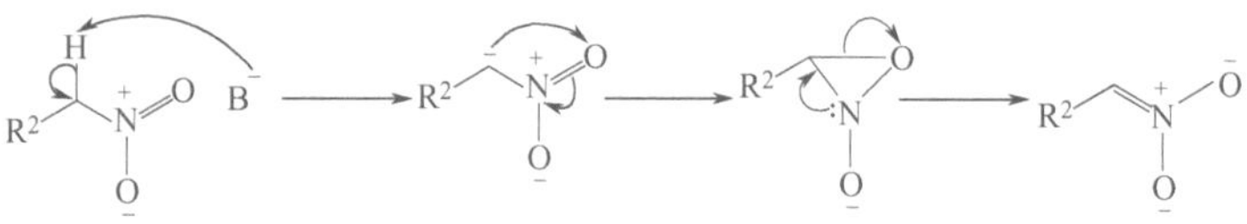

此时碳-氮双键碳原子已经不是亲核试剂了，而是亲电试剂，不能与羰基碳原子——亲电试剂成键。

机理解析不能忽略一个必要条件——卤化亚铜的催化作用：

由此可见，反应过程的必要条件不能忽略，这是机理解析的基础。

◆ 参考文献 ◆

［1］Henry L. Compt Rend, 1895, 120: 1265-1268.

［2］Rosini G. In Comprehensive Organic Synthesis, Trost B M, Fleming I, Eds. Pergamon, 1991, 2. 321-340.(Review)

65. Hiyama 交叉偶联反应

这是在钯催化条件下，卤代芳烃与硅化物之间的偶联反应：

现有文献将 Hiyama 交叉偶联反应的机理解析为：

上述机理解析存在三个问题。

一是对于氧化加成步骤并未作机理解析。补充如下：

$$\text{MeOOC-furan-Br} + \cdot Pd\cdot \longrightarrow \text{MeOOC-furan}\cdots Pd\cdots Br \longrightarrow \text{MeOOC-furan-Pd—Br}$$

二是 B 分子结构模糊。因为在硅原子的外层虽然满足了八电子稳定结构，但其处于第三周期，具有可利用的 d 轨道，外层可容纳更多的电子，由 A 直接生成 C 结构理所当然。正是由于硅负离子的生成，催化了 C 与 E 结构的缩合反应：

$$F^- + F_3Si\text{-CH}_2\text{CH}_2\text{-COOMe} \longrightarrow F_4Si^-\text{-CH}_2\text{CH}_2\text{-COOMe} + \text{MeOOC-furan-Pd-Br}$$

$$\longrightarrow \text{MeOOC-furan-Pd-CH}_2\text{CH}_2\text{COOMe}$$

三是还原消除过程并未标注电子转移，补充如下：

$$\text{MeOOC-furan-Pd-CH}_2\text{CH}_2\text{COOMe} \longrightarrow \text{MeOOC-furan-CH}_2\text{CH}_2\text{COOMe}$$

◆ 参考文献 ◆

[1] Hiyama T. In Metal-Catalyzed Cross-Coupling Reactions, Diederich F, Stang P J, Eds. Wiley-VCH: Weinheim, Germany, 1998, 421-453.（Review）

[2] Hiyama T, Hatanaka Y. Pure Appl Chem, 1994, 66: 1471-1478.

[3] Matsuhashi H, Kuroboshi M, Hatanaka Y, et al. Tetrahedron Lett, 1994, 35: 6507-6510.

66. Hoch-Compbell 氮杂环丙烷合成

这是酮肟与过量格氏试剂生成氮杂环丙烷的反应：

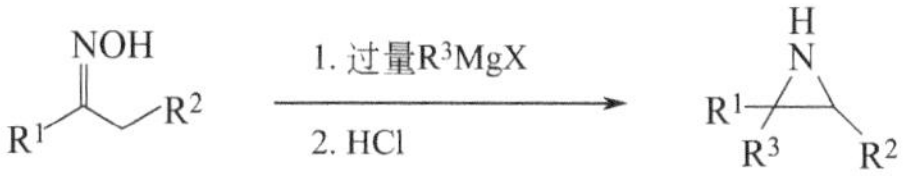

现有文献将 Hoch-Compbell 氮杂环丙烷合成反应的机理解析为：

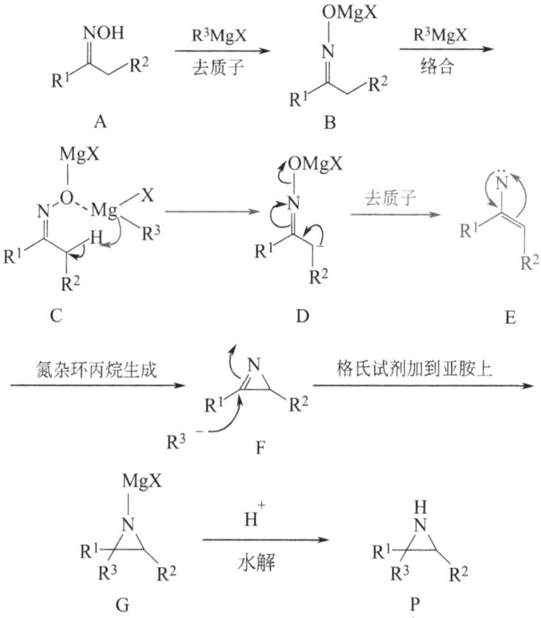

此机理解析自 C 至 F 阶段值得商榷：

自 C 至 D 过程的电子转移标注错了，格氏试剂上只能是碳原子得到一对电子与活泼氢成键。

根据自 D 至 E 的电子转移弯箭头判断，**E 结构不应是三线态氮烯而是**

单线态氮烯，而唯有单线态氮烯才可能重排成 F 结构。且自 E 至 F 的电子转移标注也错了。

综合上述讨论，至 B 至 F 阶段的机理重新解析如下：

◆ 参考文献 ◆

[1] Hoch J. Compt Rend Acad Sci, 1934, 198: 1865.

[2] Campell K N, McKenna J F. J Org Chem, 1939, 4: 198.

[3] Kotera K, Kitahonoki K. Org Prep Proced Int, 1952, 1: 305.(Review)

67. Hodges-Vedejs 噁唑合成反应

这是噁唑与苯甲醛的加成反应：

现有文献将 Hodges-Vedejs 噁唑合成反应的机理解析为：

然而，噁唑开环过程可被硼烷抑止，具体实例如下：

此机理解析存在如下问题：**由于没有区分离子键与共价键，没有分清反**

应过程的先后次序，没有认清异腈碳原子作为亲电试剂的条件，因而未将原理解析清楚。

首先，在 A 分子结构上，与锂成键碳原子是分别与 O 和 N 成键的，根据电负性均衡原理其电负性显著增大，此种状态下其与锂原子的电负性差应该大于 1.7，相当于碳 - 锂之间已经不是共价键了而是离子键。

接着，上述产物结构的碳负离子是与较大电负性的氧原子成键的，氧容易带着共价键上独对电子离去生成卡宾。

接着，亚胺氮原子上的独对电子进入卡宾的空轨道成键，碳负离子再与质子成键。

所生成的产物为异腈，其碳原子不是与锂成键是与氢原子成键的，这种结构的碳原子才是亲电试剂，才能完成后续的缩合、环化反应。

由此可见，反应次序不可颠倒、不可混淆，否则便无法说清楚反应原理。

至于后一个实例所说的硼烷抑制了开环过程，原因：一是由于生成的氮正离子较强的电负性，使得碳原子电负性显著增加，氧原子不易带走一对电子；二是芳烃与噁唑环共轭而供电，因而减小了氧原子的电负性的缘故。

参考文献

[1] Hodges J C, Patt W C, Connolly C J. J Org Chem, 1991, 56: 449.
[2] Iddon B. Heterocycles, 1994, 37: 1321.

68. Hofmann 重排

这是酰胺与次卤酸反应,经异氰酸酯中间体,水解成少一个碳原子的伯胺的反应:

$$R-CONH_2 \xrightarrow[NaOH]{Br_2} R-N=C=O \xrightarrow{H_2O} R-NH_2 + CO_2 \uparrow$$

现有文献将 Hofmann 重排反应的机理解析为:

(A) (B) (C) (D)

$$\longrightarrow R-N=C=O \longrightarrow R-NH-C(=O)-OH \longrightarrow R-NH_2 + CO_2 \uparrow$$

E F P

本机理解析自 D 至 E 过程不规范。几对电子的协同转移使人难以理解其中原理,且烷基迁移的电子转移标注错误。

按照 D 结构的弯箭头表述,推测不出生成异氰酸酯,而是得到如下结构:

$$R-C(O^-)=N-Br \longrightarrow NCO^- + R^+ + Br^-$$

这显然荒唐,其主要原因是忽略了弯箭头弯曲方向的意义。

自 C 至 E 机理重新解析如下：

在 C 结构与碱生成氮负离子之后，**由于氮负离子的电负性显著减弱，因而溴原子就能带着一对电子离去，生成单线态氮烯**，最后按卡宾重排反应的标准机理重排。

也可将卡宾重排机理分解为先进行缺电子重排，再正负离子成键的方式完成：

这样，过程与原理就更加清晰。

◆ 参考文献 ◆

[1] Hofmann A W. Ber, 1881, 14: 2725-2736.
[2] Moriarty R M. J Org Chem, 2005, 70: 2893-2903.(Review)

69．Hooker 氧化

这是 2-羟基-3-烷基-1,4-二醌于碱性条件下被高锰酸钾氧化，生成少一个亚甲基的氧化还原反应。

现有文献将上述 Hooker 氧化反应的机理解析为：

本机理解析有三处不足，应当修正。

自 A 至 B 阶段双羟基化的电子转移弯箭头方向错误，应解析成 [2,3]-σ 迁移过程。

自 B 至 F 阶段解析成了先水解、再氧化过程，机理未解析完全，过程也不合理，也应解析成 [2,3]-σ 迁移过程，这样才具有较低的活化能。

自 I 至 J 阶段脱羧后，羟基与高锰酸的酯化反应，缺少反应机理的解析。

Hooker 氧化反应机理重新解析如下：

参考文献

[1] Hooker S C. J Am Chem Soc, 1936, 58: 1174.
[2] Fieser L F, Hartwell J L, Seligman A M. J Am Chem Soc, 1936, 58: 1223.

70. Horner-Wadsworth-Emmons 反应

这是碱性条件下，β-羰基膦酰化合物与醛生成烯烃的反应：

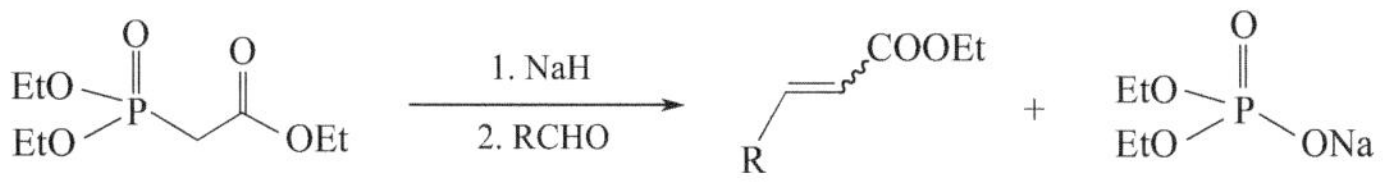

$$(EtO)_2P(O)CH_2COOEt \xrightarrow[\text{2. RCHO}]{\text{1. NaH}} RCH=CHCOOEt + (EtO)_2P(O)ONa$$

现有文献将 Horner-Wadsworth-Emmons 反应的机理解析为：

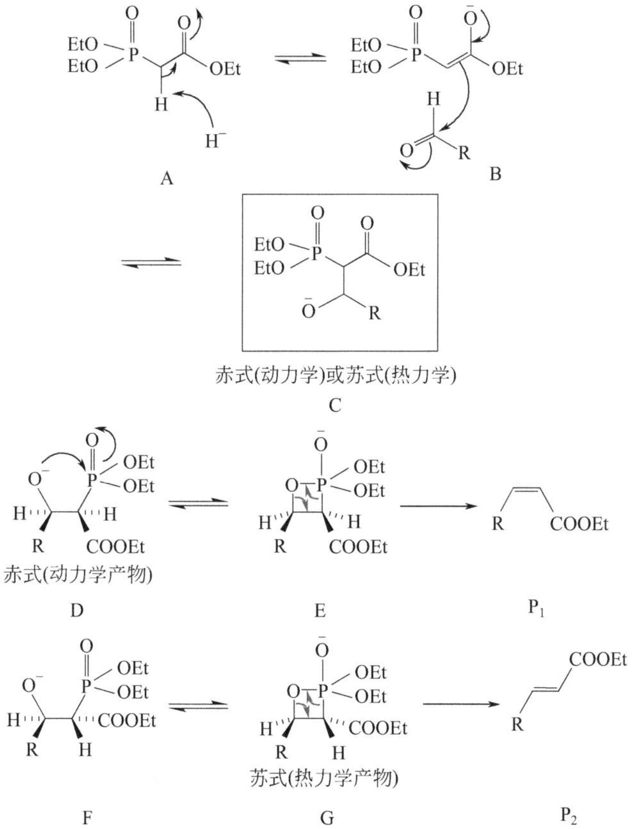

A ⇌ B ⇌ C 赤式(动力学)或苏式(热力学)

D 赤式(动力学产物) ⇌ E → P$_1$

F ⇌ G 苏式(热力学产物) → P$_2$

本机理解析生成了氧、磷杂环丁烷中间体 E 与 G 结构。但在此氧、磷杂环丁烷中间体的逆 [2+2] 环加成阶段电子转移标注错了。**此处的电子转移标注颠倒了亲核试剂与亲电试剂的位置，违背了电子转移规律。**

这里将具有最大电负性的氧原子放在了亲电试剂的位置上显然不对，一定是先得电子再用此对电子进入亲电试剂的空轨道成键。而绝不应先失去电子生成空轨道再获得一对电子成键。

故 Horner-Wadsworth-Emmons 反应的最后一步，即逆 [2+2] 环加成反应机理应该修正为：

比较修正前后的电子转移标注的区别，容易理解其中意义。

参考文献

[1] Horner L, Hoffmann H, Wippel H G, et al. Chem Ber, 1959, 92: 2499-2505.

[2] Wadsworth W S. Emmons W D. J Am Chem Soc, 1961, 83: 1733-1783.

[3] Maryanoff B E, Reitz A B. Chem Rev, 1989, 89: 863-927.(Review)

71. Hunsdiecker 反应

这是羧酸银与卤素生成少一个碳原子的卤代烃的反应：

$$R-COO-Ag \xrightarrow{X_2} R-X + CO_2\uparrow + AgX$$

现有文献将 Hunsdiecker 反应的机理解析为：

（A）→ AgX +（B）→ 均裂 → X· +（C）

→ $CO_2\uparrow$ + R· +（中间体）→ R—X +（P）

本机理解析在自 A 至 B 部分显然不对。我们假设该机理解析正确，则羧酸钠与羧酸银似乎没有区别，而两者的根本区别就在于离子键与共价键上。**正是氧－银共价键的存在，羧酸银与卤素间才可能以 [3,3]-σ 迁移机理进行**，这样反应的活化能较低。

Hunsdiecker 反应机理重新解析如下：

$$\xrightarrow{[3,3]-\sigma \text{ 迁移}}_{-AgX} \longrightarrow \xrightarrow{-CO_2} R-X$$

◆ 参考文献 ◆

[1] Borodin A. Ann, 1861, 119: 121-123.
[2] Hunsdiecker H, Hunsdiecker C. Ber, 1942, 75: 291-297.
[3] Sheldon R A, Kochi J K. Org React, 1972, 19: 326-421.(Review)

72. Keck 大环内酯化

这是分子内的羟基与羧基在 DCC 与 DMAP 参与下发生的大环内酯化反应：

现有文献将 Keck 大环内酯化反应的机理解析为：

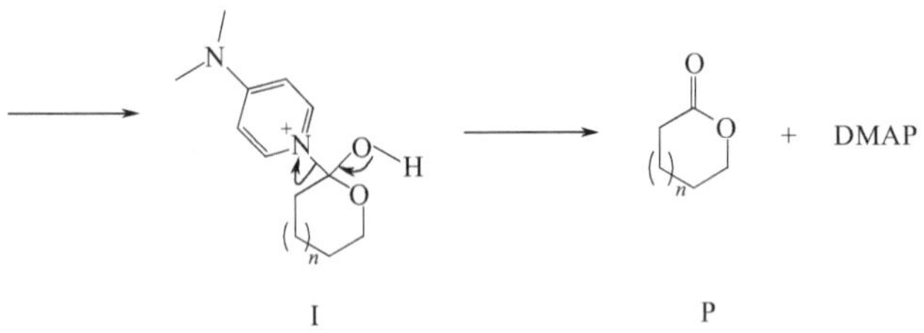

Keck 大环内酯化反应过程中，DCC 与 DMAP 参与的目的就是将羧基上的离去基衍生化，增加其电负性与可极化度，使反应可以按照羰基加成-消除的机理进行。

在 B 与 C 反应生成 D 阶段，由于羧基的亲核活性与 DCC 亲电试剂的亲电活性均不足，难以生成 D 结构。而唯有按照 [3,3]-σ 迁移机理进行，才具有较低的活化能。

自 B 至 H 阶段的反应机理重新解析为：

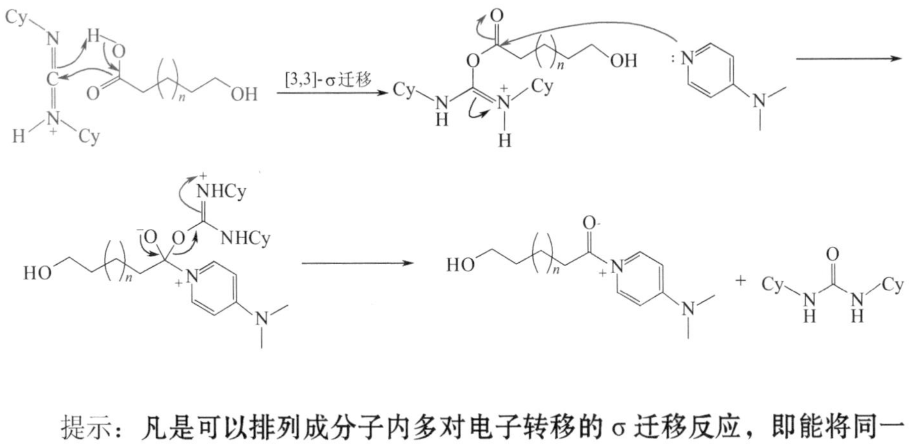

提示：凡是可以排列成分子内多对电子转移的 σ 迁移反应，即能将同一分子或两个分子排列成五元环、六元环的，一定按照多对电子协同转移的方式进行，因为此种反应具有较低的活化能。

◆参考文献◆

[1] Boden E P, Keck G E. J Org Chem, 1985, 50: 2394.

[2] Peterson I, Yeung K S, Ward R A, et al. J Am Chem Soc, 1994, 116: 9391.
[3] Keck G E, Sanchez C, Wager C A. Tetrahedron Lett, 2000, 41: 8673.

73. Kennedy 氧化周环反应

这是在 Re_2O_7 催化条件下，δ-羟基烯烃与过氧化钠的氧化、环化反应。

现有文献将 Kennedy 氧化周环反应的机理解析为：

此机理解析存在许多问题：

在 A 与 B 反应生成 C 步骤，亲核试剂 - 羟基与 Re 成键过程中，氢氧键上一对电子没有协同收回。

C 分子内的 [2+2] 环加成也不正确，更容易发生 [2,3]-σ 迁移。

后续的还原消除反应、Re 的离子交换过程并未解析反应机理。

过氧化钠的作用未见解析，等等。

Kennedy 氧化周环反应机理自 C 至 P 部分重新解析如下：

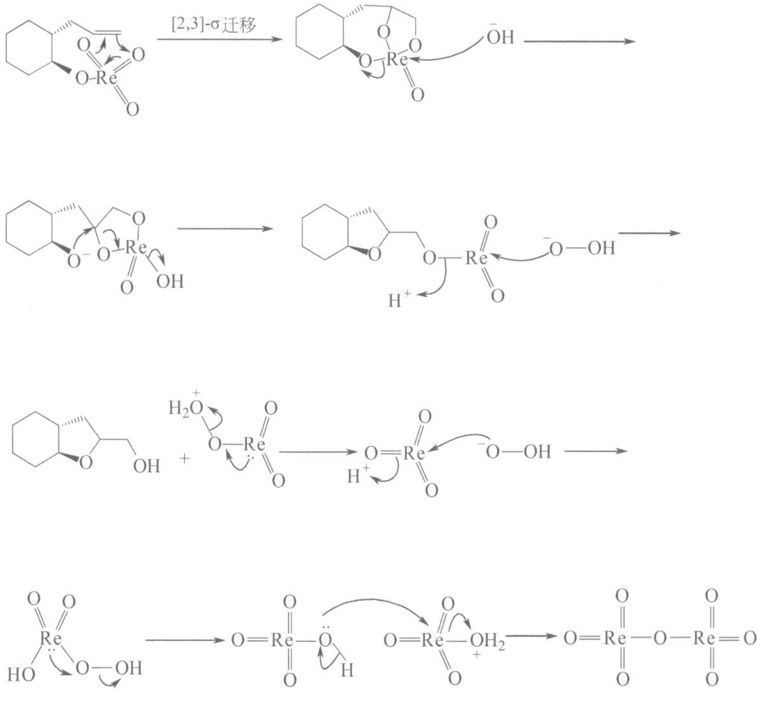

由上述机理可知，**过氧化钠才是真正的氧化剂，高价的 Re 只是反应的催化剂**。

Re_2O_7 在反应过程的催化循环由下图给出：

◆ 参考文献 ◆

[1] Kennedy R M, Tang S. Tetrahedron Lett, 1992, 33: 3729.
[2] Tang S, Kennedy R M. Tetrahedron Lett, 1992, 33: 5299.
[3] Tang S, Kennedy R M. Tetrahedron Lett, 1992, 33: 5303.
[4] Tang S, Kennedy R M. Tetrahedron Lett, 1992, 33: 7823.

74. Kharasch 加成反应

这是在过渡金属催化下 $CXCl_3$ 对烯烃的自由基加成反应。

$$\underset{R^2}{\overset{R^1}{>}}=CH_2 + CXCl_3 \xrightarrow{[M]} \underset{R^2}{\overset{R^1}{|}}CH-CH_2-CCl_2X \quad X=H, Cl, Br$$

M：Ru, Re, Mo, W, Fe, Al, B, Cr, Sm 等金属试剂

现有文献将 Kharasch 加成反应的机理解析为：

$$CXCl_3 \xrightarrow{[M]} \cdot CXCl_2 + \underset{R^2}{\overset{R^1}{>}}=CH_2 \xrightarrow{\text{反马氏加成规则}}$$
A　　　　　　　　B

$$\underset{R^2}{\overset{R^1}{C\cdot}}-CH_2-CCl_2X \xrightarrow{M^+-Cl} \underset{R^2}{\overset{R^1}{|}}CCl-CH_2-CCl_2X + M$$
C　　　　　　　　　　P

这是一个以过渡金属最外层单电子引发的自由基反应，上述机理解析未见电子转移描述。重新解析如下：

$$M\curvearrowright Cl-CXCl_2 \xrightarrow{-M-Cl} Cl_2XC\cdot \curvearrowright CH_2=\underset{R^2}{\overset{R^1}{C}} \longrightarrow$$

$$Cl_2XC-CH_2-\underset{R^2}{\overset{R^1}{C\cdot}} \curvearrowright Cl-M \longrightarrow Cl_2XC-CH_2-\underset{R^2}{\overset{R^1}{C}}-Cl + M\cdot$$

参考文献

[1] Kharasch M S, Jensen E V, Urry W H. Science, 1945, 102: 2640.
[2] Gossage R A, Van De Kuil L A, Van Koten G. Acc Chem Res, 1998, 31: 423(Review)

75. Kumada 交叉偶联反应

这是在 Ni 或 Pd 催化下，格氏试剂与卤代物之间的交叉偶联反应。

$$R-X + R^1-MgX \xrightarrow{Pd(0)} R-R^1 + MgX_2$$

现有文献将 Kumada 交叉偶联反应的机理解析为：

$$R-X + L_2Pd(0) \xrightarrow{\text{氧化加成}} \underset{B}{\begin{array}{c} R \quad L \\ Pd \\ L \quad X \end{array}} \xrightarrow[\text{金属转移异构化}]{R^1-MgX}$$

$$MgX_2 + \underset{C}{\begin{array}{c} L \quad L \\ Pd \\ R \quad R^1 \end{array}} \xrightarrow{\text{还原消除}} R-R^1 + L_2Pd(0) \quad P$$

Kumada 交叉偶联反应和 Negishi、Stille、Hiyama 及 Suzuki 等人名反应一样，都属于同一类 Pd 催化的有机卤代物或有机三氟磺酸酯或其他亲电物质与有机金属试剂之间的交叉偶联反应。这些反应都有如下所示的催化循环。但 Hiyama 反应和 Suzuki 反应与其他的稍有不同，有额外的活化步骤来实现金属转移作用。

催化循环为：

$$L_nPd(II) + R^1M \xrightarrow{\text{金属转移化}} L_nPd(II)\begin{array}{c} R^1 \\ R^1 \end{array} \xrightarrow{\text{还原消除}} R^1-R^1 + L_nPd(0)$$

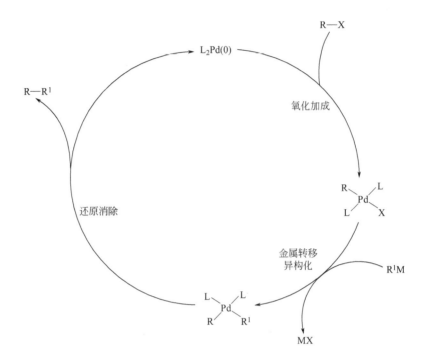

上述机理解析**仅仅将反应划分为三个步骤：氧化加成、金属转移异构化、还原消除。每一步骤均未见电子转移的表述，故这不是完整的机理解析**，有必要补充完整。由于溶剂分子上独对电子进入金属 Pd 或 Mg 空轨道而络合的过程并不影响反应过程的电子转移，故将其省略而使机理解析简单化。

这样我们将 Kumada 交叉偶联反应机理重新解析如下：

也可以将还原消除反应拆成两步表述，这样使反应原理更清晰。

由此可见 Pd 原子得失电子的性质。

Pd 催化剂的催化循环为：

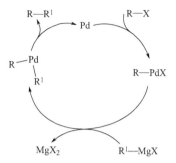

◆ 参考文献 ◆

[1] Tamao K, Sumitani K, Kiso Y, et al. Bull Chem Soc Jpn, 1976, 49: 1958-1969.
[2] Kalinin V N. Synthesis, 1992: 413-432.(Review)
[3] Stanforth S P. Tetrahedron, 1998, 54: 263-303.(Review)

76. Larock 吲哚合成

这是邻碘苯胺与一个丙炔醇在醋酸钯催化作用下的偶联反应。

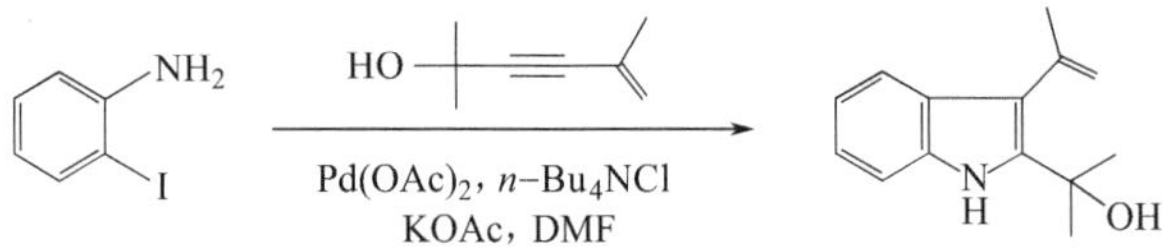

现有文献将 Larock 吲哚合成反应的机理解析为：

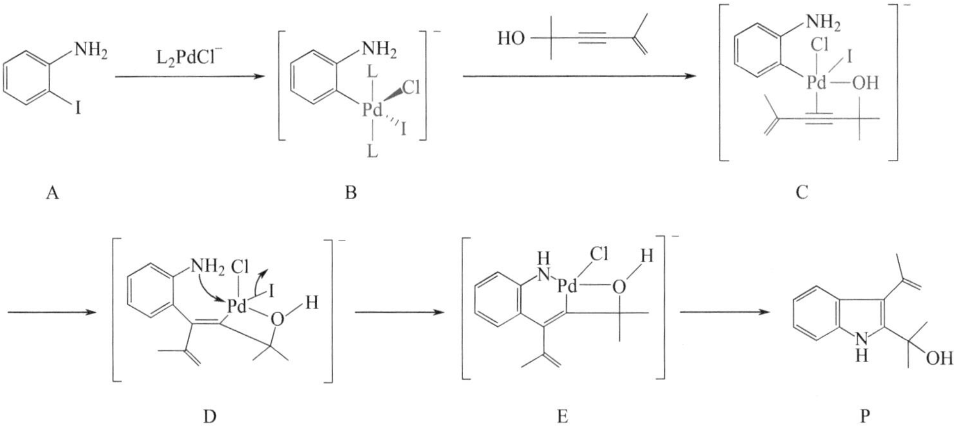

此机理解析存在很多问题，读者很难理解其中原理。B 与 C 的结构无法理解，因为钯原子最外层并没有三个电子；自 C 至 E 步骤，溶剂竟然成了离去基；反应式与机理解析式催化剂的结构不同。

其实 Larock 吲哚合成反应机理并不复杂，这只是两个亲核试剂分别与醋酸钯的成键过程。

再经过分子内的两次 [2,3]-σ 迁移生成五元环中间体。

最后，经醋酸根与钯的再成键而得到产物。

醋酸钯的催化平衡如下：

参考文献

[1] Larock R C, Yum E K. J Am Chem Soc, 1991, 113: 6689.
[2] Larock R C, Yum E K, Refvik M D. J Org Chem, 1998, 63: 7652.
[3] Larock R C. J Oraganoment Chem, 1999, 576: 111.

77. Liebeskind-Srogl 偶联

这是硫醇酯与有机硼酸经 Pd 催化发生的交叉偶联反应。

$$R-C(O)-S-R^1 + R^2-B(OH)_2 \xrightarrow[CuTC, THF]{Pd_2(dba)_3, TFP} R-C(O)-R^2$$

现有文献将 Liebeskind-Srogl 偶联反应的机理解析为：

A （配位） → B （Pd(0)L$_2$，氧化加成）

C （$R^2-B(OH)_2$，金属转移化） → CuSR^1 + TC—B(OH)$_2$ + D

→ 还原消除 → Pd(0)L$_2$ + P

上述机理解析并未标注配位、氧化加成、金属转移化、还原消除过程的电子转移过程，也就不能揭示反应过程的原理。

现补充修改 Liebeskind-Srogl 偶联反应的机理如下：

Liebeskind-Srogl 偶联反应的催化循环过程为：

◆ 参考文献 ◆

[1] Liebeskind L S, Srogl J. J Am Chem Soc, 2000, 122: 11260.
[2] Savarin C, Srogl J, Liebeskind L S. Org Lett, 2000, 2: 3229.
[3] Savarin C, Srogl J, Liebeskind L S. Org Lett, 2001, 3: 91.

78. Lossen 重排

这是 O-酰基化的羟肟酸用碱处理降解，生成少一个碳原子的胺的反应。

$$R^1-\text{C(O)-N(H)-O-C(O)}-R^2 \xrightarrow{^-OH} R^1-N=C=O \xrightarrow{H_2O} R^1-NH_2 + CO_2\uparrow$$

现有文献将 Lossen 重排反应的机理解析为：

（A）→（B）→

$$R^2CO_2^- + R^1-N=C=O \quad (\text{异氰酸酯中间体}) \xrightarrow{:OH_2} \text{（D）} \xrightarrow{} R^1-NH_2 + CO_2\uparrow$$

C　　　　　　　　　　D　　　　　　　P

此反应分为两个阶段，异氰酸酯合成阶段与异氰酸酯水解阶段。

在异氰酸酯合成阶段的自 B 至 C 过程中，三对电子的协同迁移看起来就比较复杂，读者难解其中原理，且表示烷基迁移的弯箭头弯曲方向错了。**应该将其解析成两步，成为标准的卡宾（氮烯）重排机理。**

$$R^1-\text{C(O)-N-O-C(O)}R^2 \longrightarrow [\text{酰基氮烯}]^+ \longrightarrow O=C=N-R^1$$

参考文献

[1] Lossen W. Ann 1872, 161: 347.
[2] Bauer L, Exner O. Angew Chem Int Ed, 1974, 13: 376.
[3] Lipczynska-Kochany E. Wiad Chem, 1982, 36: 735-756.

79. Luche 还原

这是烯酮共轭体系在 $NaBH_4$-$CeCl_3$ 参与下羰基还原成羟基的反应。

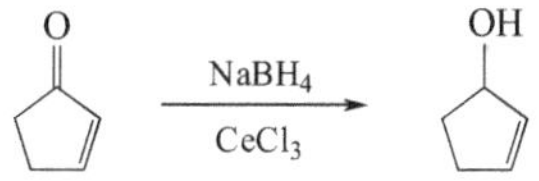

现有文献将 Luche 还原反应的机理解析为：

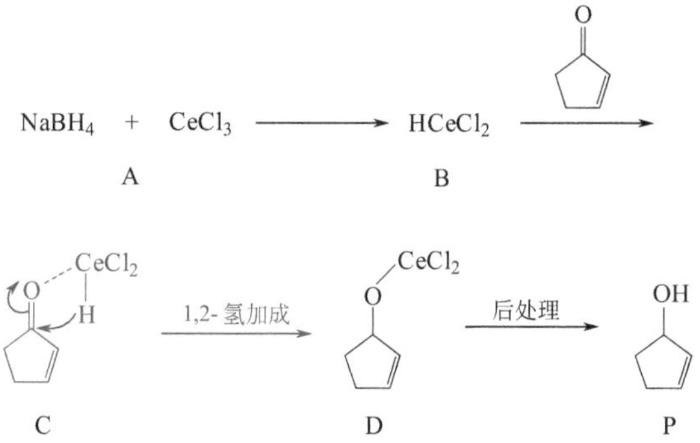

在本机理解析的自 B 至 D 过程中，C 结构比较模糊，且自 C 至 D 的解析并不清楚，且表示氢迁移的弯箭头方向错误。

Luche 还原反应机理自 B 至 P 部分重新解析如下：

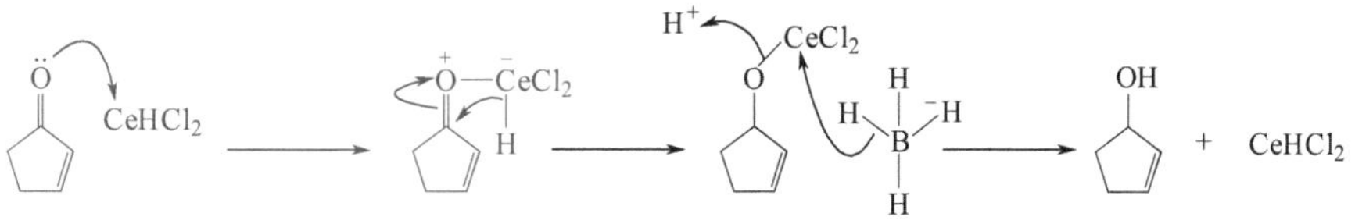

参考文献

[1] Luche J L. J Am Chem Soc, 1978, 100: 2226.
[2] Li K, Hamann L G, Koreeda M. Tetrahedron Lett, 1992, 33: 6569.

80. McFadyen-Stevens 反应

这是酰基苯磺酰肼用碱处理还原成醛的反应。

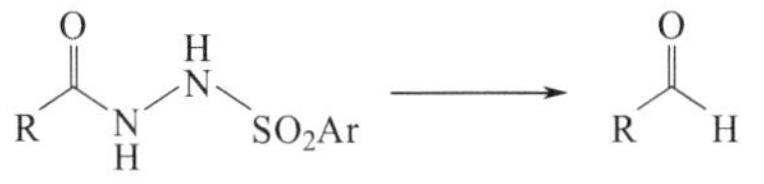

现有文献将 McFadyen-Stevens 还原反应的机理解析为：

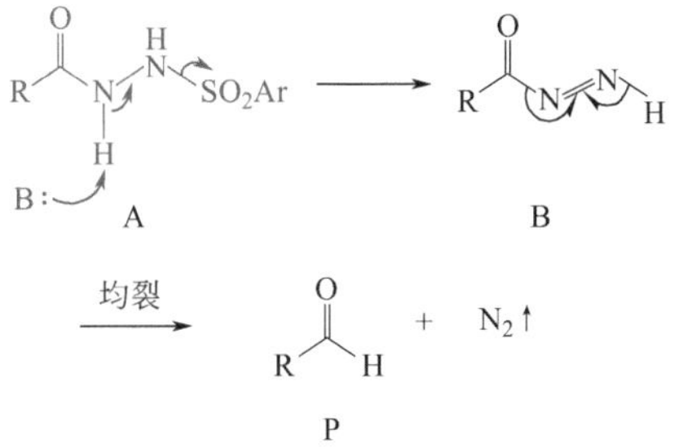

此机理**自 B 至 P 步骤解析成自由基机理不妥**，后续反应更容易发生极性反应，因为这是碱催化过程。

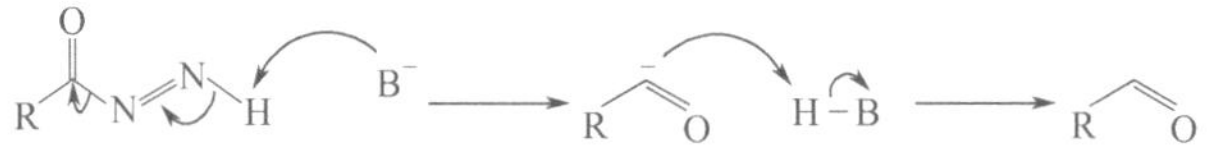

也有可能是经过氮烯中间体过程。

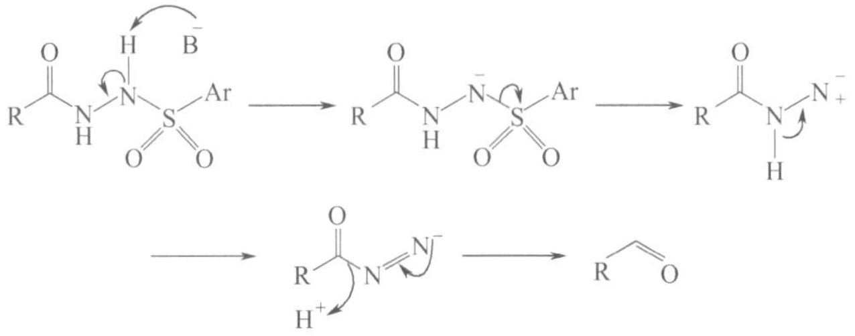

◆ 参考文献 ◆

[1] McFadyen J S, Stevens T S. J Chem Soc, 1936: 584-587.

[2] Graboyes H, Anderson E L, Levinson S H, et al. J Heterocycl Chem, 1975, 12: 1225-1231.

81. Madelung 吲哚合成

这是在强碱作用下邻甲基乙酰苯胺环合成吲哚的反应。

现有文献将 Madelung 吲哚合成反应的机理解析为：

此机理解析式中，分子结构与反应活性关系上有问题。

首先，在生成氮负离子结构 B 之后，由氮负离子供电的诱导效应与共轭效应所决定，甲基上的氢原子应该不具有酸性，因而不易与碱成键再生成碳负离子。

其次，氮负离子也同时向羰基碳原子供电，使其并不具有缺电子的亲电试剂功能，即便甲基碳原子上真正有负电荷，也不会与羰基碳原子成键。

根据如上分析，Madelung 吲哚合成反应过程中不可能生成双负离子。其可能的反应机理重新解析如下：

◆ 参考文献 ◆

[1] Madelung W. Ber Dtsch Chem Ges, 1912, 45: 1128.
[2] Houlihan W J, Parrino V A, Uike Y. J Org Chem, 1981, 46: 4511.

82. Meerwein 芳基化反应

这是在二氯化铜催化作用下，芳烃重氮盐与烯烃的缩合反应。

$$ArN_2^+Cl^- + \underset{R^1}{\underset{|}{R}}\overset{H}{\underset{}{C}}=\underset{}{C}Z \xrightarrow{CuCl_2} \underset{R^1}{\underset{|}{R}}\overset{Ar}{\underset{}{C}}=\underset{}{C}Z$$

Z=Ar, C≡C, C=O, CN, H

现有文献将 Meerwein 芳基化反应的机理解析为：

$$ArN_2^+Cl^- \xrightarrow{CuCl_2} Ar\cdot + N_2\uparrow + CuCl + Cl_2\uparrow$$
A　　　　　　　　B

$$\underset{Ar}{\overset{H}{C}}=\underset{R^1}{\overset{R}{C}}Z \xrightarrow{\text{自由基加成}} \underset{R}{\overset{Ar}{C}}\underset{R^1}{\overset{H}{C}}Z \xrightarrow{CuCl_2} \underset{R}{\overset{Ar}{C}}=\underset{R^1}{\overset{}{C}}Z + CuCl$$
C　　　　　　　　　　D　　　　　　　　　P

此机理解析重氮盐与二氯化铜反应生成了氯化亚铜和氯气，这没有依据，也极不合理。反应机理式也缺乏电子转移的标注。

按现有机理解析，二氯化铜的用量应该为反应物物质的量的 2 倍，这就无法理解二氯化铜的催化剂特征。

纠正如上错误，现将 Meerwein 芳基化反应的机理重新补充、修改为：

$$Ar-\overset{+}{N}\equiv N\quad Cl-Cu-Cl \xrightarrow[SET]{-CuCl_2^+} Ar\overset{N}{\underset{N}{\diagdown\diagup}} \xrightarrow{-N_2} Ar\cdot$$

$$CuCl_2^+ + Cl^- \longrightarrow CuCl_3$$

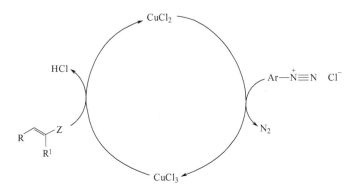

这才表示出了二氯化铜催化剂的性质与用量。

二氯化铜的催化循环如下图所示：

◆ 参考文献 ◆

[1] Meerwein H, Buchner E, Van Emster K. J Prakt Chem, 1939, 152: 237.
[2] Rondestvedt C S. Org React, 1976, 24: 225.

83. Meinwald 重排

这是具有双环的环氧化物经酸处理，生成两种异构的、重排的醛的反应。

现有文献认为 Meinwald 重排反应的两个异构产物需要经过同一个中间体碳正离子 M。

由中间体 M 重排为产物 P_1，现有机理解析如下：

按照如上中间体 M 上标注的电子转移是不能生成 P_1 的，电子转移箭头弯曲的方向画错了。哪个碳原子得到共价键上独对电子而转移成键非常关键。因而上述反应机理修改如下：

由中间体 M 重排为产物 P_2，现有机理解析如下：

这里表述电子转移的弯箭头弯曲方向同样错误，修改如下：

电子转移的方向与弯箭头弯曲方向的表述相关，是机理解析不可忽视的重要环节。

◆ 参考文献 ◆

[1] Meinwald J, Labana S S, Chadha M S. J Am Chem Soc, 1962, 85: 582.
[2] Meinwald J, Labana S S, Labana L L, et al. Tetrahedron Lett, 1965, 23: 1789.

84. Meisenheimer 络合物

这是缺电的取代芳烃上亲核试剂与离去基的交换反应。

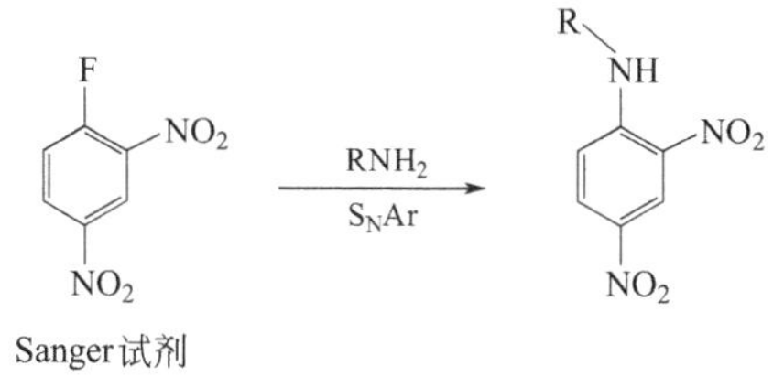

现有文献将 Meisenheimer 络合物生成与反应的机理解析为：

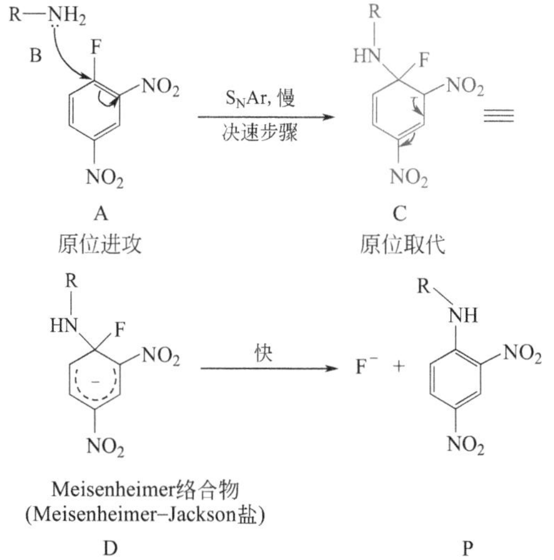

如上的机理解析，显然未将电子转移的弯箭头画全，且将生成络合物 D 看作生成产物的必要步骤，也显然不合理。

其实，芳烃上的取代反应与羰基加成消除反应无异，仍是先加成后生成四面体结构再消除的反应过程。

这已经将主反应过程、原理、电子转移解析清楚了，是比较完整的解析，并无附加说明其他内容之必要。

而现有的机理解析并未将电子转移标注解析清楚，即在关键之处比较模糊，却把主要精力集中在如下次要的中间体的共振状态环节上，**这显然属于主次颠倒、喧宾夺主的做法**。

此外，在生成产物的关键阶段，现有机理解析是经过所谓络合物（即共振杂化体 D）来实现的。这个结论并不准确，因为**作为中间状态的 C 结构（即所谓 π 络合物）具有单位负电荷，其亲核活性远强于带有部分负电荷的共振杂化体 D 结构**。

因此，既然中间状态 C 结构上碳负离子与 π 键共轭，发生分子内共振不可避免，那也一定是处于共振平衡状态，那么**无论其共振异构体有几种形式，都必然可能返回到初始的 C 结构状态**。因此，中间状态 C 的共振表述应该是可以省略的。

综上所述，全面地解析缺电芳烃上的取代反应，即 Meisenheimer 络合物生成与反应，可用下式重新解析如下：

上式中，下部黑色部分属于所描述的中间体共振状态，可以省去。

◆ 参考文献 ◆

[1] Meisenheimer J. Ann, 1902, 323: 205-214.
[2] Strauss M J. Acc Chem Res, 1974, 7: 181-188. (Review)
[3] Bernasconi C F. Acc Chem Res, 1978, 11: 147-152. (Review)

85. Meisenheimer 重排

[1,2]-σ 重排为典型的富电子重排，其反应机理为：

$$\underset{R^2}{\overset{R^1}{N^+}}\!\!-\!\!O^-\!\!-\!\!R \xrightarrow{\Delta} \underset{R^2}{\overset{R^1}{N}}\!\!-\!\!O\!\!-\!\!R$$

[2,3]-σ 重排反应机理为：

[2,3]-σ 重排是 [1,2]-σ 重排的变形，因为**缺电体的烯丙位仍然缺电，属于两可亲电试剂**。

既然是两可亲电试剂，上述 [2,3]-σ 重排的反应，也应可能按照 [1,2]-σ 重排机理进行，即按照标准的富电子重排机理进行。补充解析如下：

[1,2]-σ 重排：

参考文献

[1] Meisenheimer J. Ber, 1919, 52: 1667-1677.
[2] Johnstone R A W. Mech Mol Migr, 1969, 2: 249-266. (Review)
[3] Yamamoto Y, Oda J, Inouye Y. J Org Chem, 1976, 41: 303-306.

86. Miyaura 硼化反应

这是卤代芳烃与二硼化试剂在钯催化条件下的偶联反应。

$$Ar-I + \text{(pin)B-B(pin)} \xrightarrow[\text{碱}]{Pd(0)} Ar-B(pin)$$

现有文献将 Miyaura 硼化反应的机理解析为：

$$Ar-I + L_2Pd(0) \xrightarrow{\text{氧化加成}} \underset{C}{Ar-Pd(L)_2-I}$$

A   B   C

$$D \xrightarrow{\text{碱(Base)}} E \xrightarrow{\text{金属转移化}} \text{Ar-Pd(L)_2-I}$$

$$F + G \xrightarrow{\text{还原消除}} P + L_2Pd(0)$$

上述机理解析既缺乏过程又缺少原理。并未解析氧化加成反应的电子转移，即由 A 与 B 是如何转化为 C 的，也未解析金属转移化过程中 E 与 C 是如何转化为 F 和 G 的。由 G 还原消除生成 P 也没有解析电子转移过程。

整个机理解析比较模糊，现补充修改如下（溶剂络合部分因并不影响电子转移而省略）：

$$Ar-I \colon \curvearrowright Pd \longrightarrow Ar\overset{I^+}{\underset{Pd^-}{\frown}} \xrightarrow{SET} Ar\cdot \curvearrowright \cdot PdI \longrightarrow ArPdI$$

$$\text{(pin)B-B(pin)} \xrightarrow{^-Base} \text{(pin)B-B(pin)(Base)} \xrightarrow{} ^-\text{(pin)B-Base}$$

◆ 参考文献 ◆

[1] Ishiyama T, Murata M, Miyaura N. J Org Chem, 1995, 60: 7508-7510.
[2] Miyaura N, Suzuki A. Chem Rev, 1995, 95: 2457-2483. (Review)
[3] Suzuki A. J Organomet Chem, 1995, 576: 147-168. (Review)
[4] Carbonnelle A C, Zhu J. Org Lett, 2000, 2: 3477-3480.

87. Moffatt 氧化

这是用 DCC 和 DMSO 将醇氧化成酮的反应。

$$\underset{R^1\ \ R^2}{\text{OH}} \xrightarrow[\text{DMSO, HX}]{\text{DCC}} \underset{R^1\ \ R^2}{\text{O}}$$

现有文献将 Moffatt 氧化反应机理解析为：

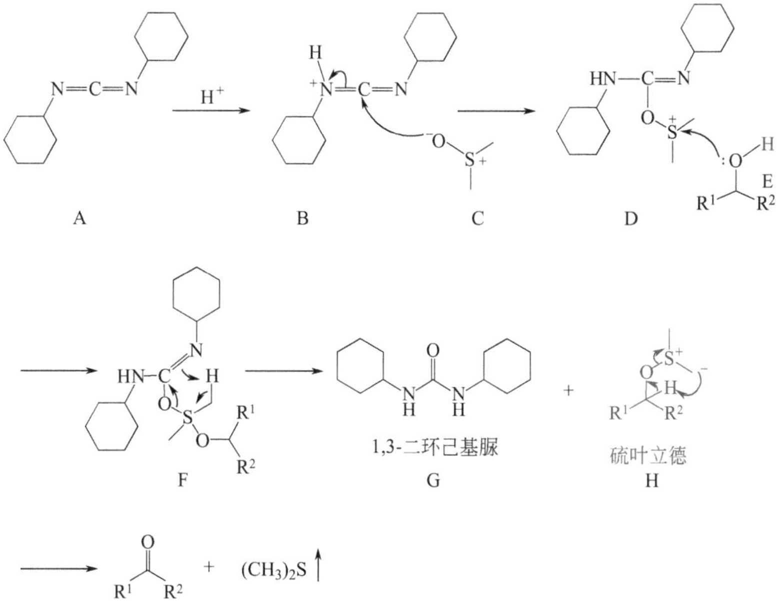

上述机理解析中 F 结构经 [3,3]-σ 迁移反应所生成的硫叶立德试剂并非具有双离子的 H 结构，而是以其共振的 pπ-dπ 键形式存在的 I 结构。

自 H 至 P 部分机理解析错误，因为**与碳负离子成键的氧原子是容易离去而生成卡宾的**。

还原反应必须是负氢转移的过程，将自 H 至 P 过程的机理重新解析成 [2,3]-σ 迁移机理，如下：

◆ 参考文献 ◆

[1] Pfitzner K E, Moffatt J G. J Am Chem Soc, 1963, 85: 3027-3028.

[2] Schobert R. Synthesis, 1987: 741-742.

[3] Liu H J, Nyangulu J M. Tetrahedron Lett, 1988, 29: 3167-3170.

[4] Tidwell T T. Org React, 1990, 39: 297-572. (Review)

88. Mori-Ban 吲哚合成

这是邻位卤代苯胺与侧链烯烃在钯催化条件下的环合反应。

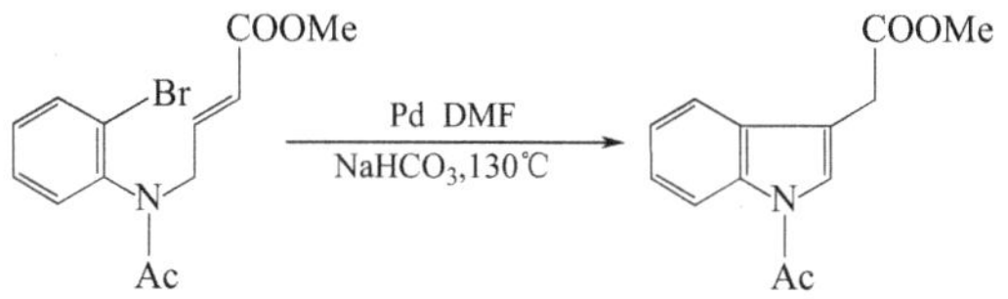

现有文献将 Mori-Ban 吲哚合成反应机理解析为:

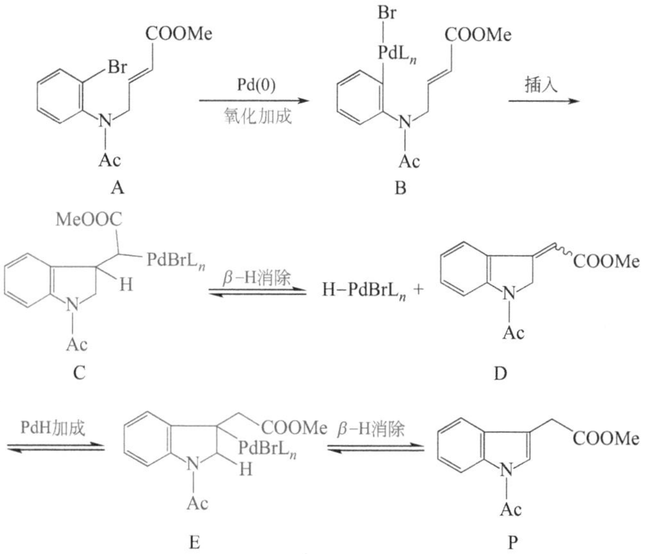

此机理解析自 A 至 C 阶段用了氧化加成、插入的概念,并没有电子转移的标注,原理表达比较模糊。自 C 至 P 步骤已经脱离了钯催化反应所采用的常规概念,反复用了极其少见的 β-H 消除与 PdH 加成的专有术语,更使人感觉离奇古怪、深奥莫测。

其实，Mori-Ban 吲哚合成反应机理并不特殊，仍属于氧化加成、还原消除的基本形式。

金属催化剂 Pd 的催化循环过程如下：

◆ 参考文献 ◆

[1] Mori M, Chiba K, Ban Y. Tetrahedron Lett, 1977, 18: 1037-1040.
[2] Ban Y, Wakamatsu T, Mori M. Heterocycles, 1977, 6: 1711-1715.

89. Nametkin 重排

这是因卤素离去而导致的甲基迁移反应。

现有文献将 Nametkin 重排反应机理解析为：

$$A \xrightarrow{异裂} B + Cl^- \xrightarrow{甲基迁移} C \longrightarrow D$$

此机理解析问题出在自 B 至 C 过程烷基迁移的电子转移标注上，弯箭头弯曲方向明显画反了，必须标注为甲基带着一对电子离去，而按照原有解析的弯箭头弯曲方向，只能推测是生成了烯烃与甲基正离子。

这显然与反应结果不符。因此**电子转移弯箭头弯曲方向不可任意**。现纠正如下：

参考文献

[1] Nametkin S S.Justus Liebigs Ann Chem, 1923, 432: 207.
[2] Bernstein D. Tetrahedron Lett, 1967: 2281.

90. Nazarov 环化

这是双乙烯酮在酸催化作用下生成环戊烯酮的反应。

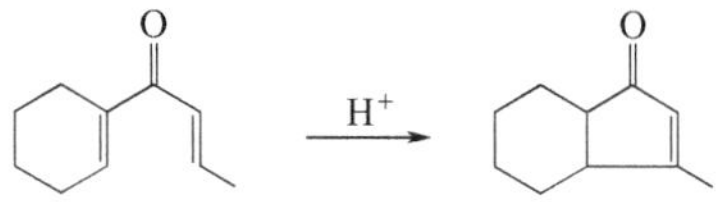

现有文献将 Nazarov 环化反应机理解析为：

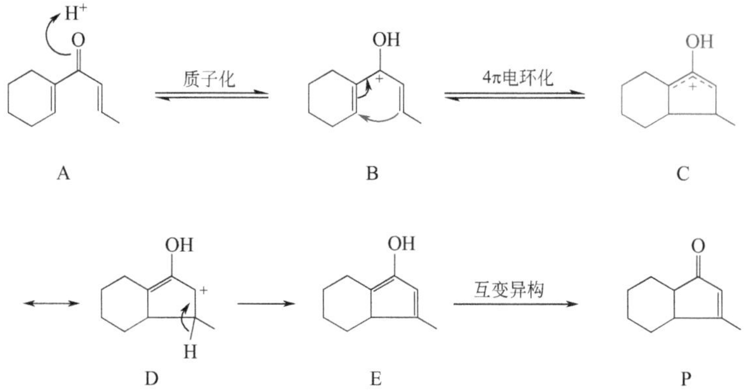

（A 质子化 B 4π电环化 C）

（D → E 互变异构 P）

本机理解析在自 B 至 C 步骤弯箭头弯曲方向画反了，且生成的 C 结构也比较模糊。

B 是一个碳正离子与两个烯烃共轭的中间体结构，因而必然存在两种共振形式。这就决定了有两种可能的反应机理。

第一种机理：

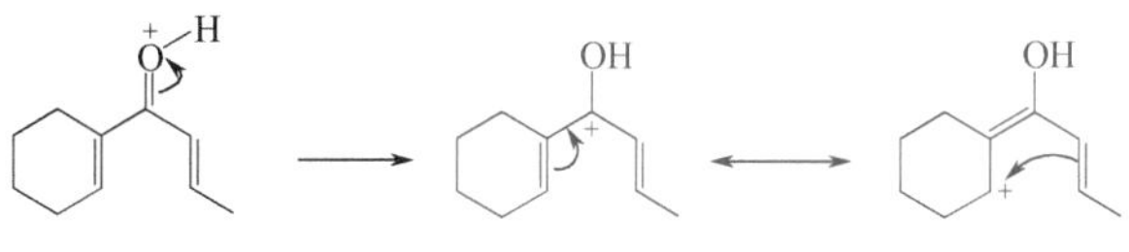

第二种机理：

两种机理在原理上没有区别，都是烯烃为亲核试剂而碳正离子为亲电试剂。

◆ 参考文献 ◆

[1] Nazarov I N, Torgov I B, Terekhova L N. Bull Acad Sci（USSR）, 1942: 200.
[2] Denmark S E, Habermas K L, Hite G A. Helv Chim Acta, 1988, 71: 168-194; 195-208.
[3] Habermas K L, Denmark S E, Jones T K. Org React, 1994, 45: 1-158.（Review）
[4] Kim S H, Cha J K. Synthesis, 2000: 2113-2116.
[5] Giese S, West F G. Tetrahedron, 2000, 56: 10221-10228.

91. Neber 重排

这是对甲苯磺酰酮肟用碱处理生成 α-氨基酮的反应。

$$\underset{R^1}{\overset{N-OTs}{\diagup}}\!\!\!\diagdown R^2 \xrightarrow[\text{2. }H_2O]{\text{1. KOEt}} \underset{R^1}{\overset{NH_2}{\diagup}}\!\!\!\diagdown\!\!\underset{O}{\overset{}{C}}\!\!-R^2 + C_7H_7SO_3H$$

现有文献将 Neber 重排反应机理解析为:

A → B (去质子化) → C7H7SO3H + C (环化) → D (水解) → P

然而，B 分子内的酮肟碳原子也是亲电试剂，而且其亲电活性更强。故自 B 至 C 步骤还有另一种解析方法，并且似乎更合理。

参考文献

[1] Neber P W, Friedolsheim A. Ann, 1926, 449: 109-134.
[2] O'Brien C. Chem Rev, 1964, 64: 81-89. (Review)

92. Nef 反应

这是伯或仲硝基烷烃经酸处理生成相应的羰基化合物的反应。

$$\underset{R^1\ R^2}{NO_2} \xrightarrow{H_2SO_4} \underset{R^1\ R^2}{\overset{O}{\|}} + \frac{1}{2}N_2O + \frac{1}{2}H_2O$$

现有文献将 Nef 反应机理解析为：

（A ⇌ B ⇌ C ⇌ D ⇌ E ⇌ F → P + HNO ⇌ ½N₂O + ½H₂O）

此机理有两处存疑。

一是硝基异构化为假酸式 B 结构机理错误。即便能够异构化电子也绝对不会像自 A 至 B 那样转移，因为氮正离子上没有空轨道也不会腾出空轨道，不可能接受独对电子亲核试剂。

硝基异构化为假酸式结构，应该遵循如下机理：

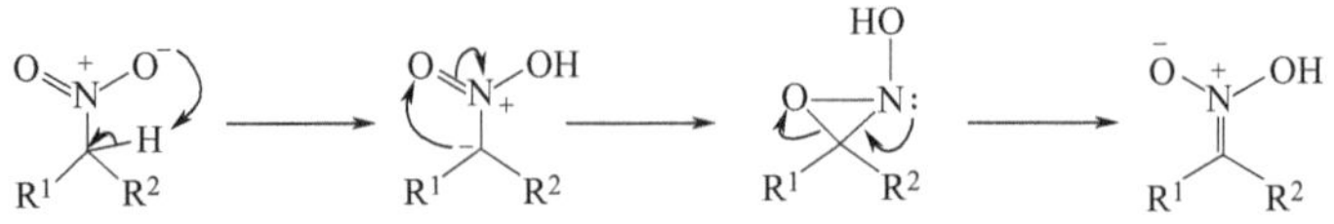

二是**亚硝基化合物 E 生成的机理，未必经过假酸式 B 阶段**。还有另外的可能：

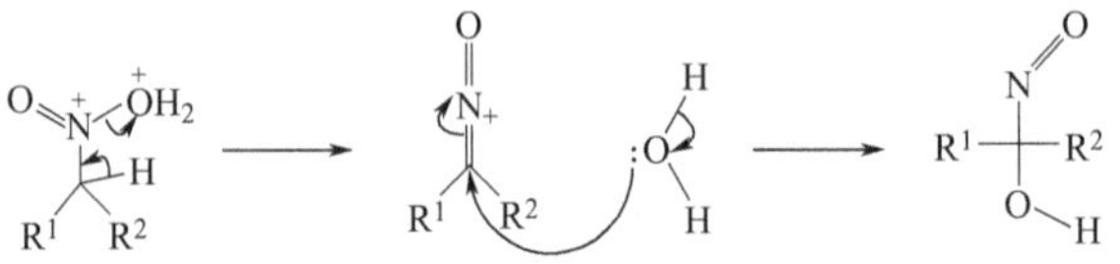

这是首先脱水生成空轨道再消除的反应过程。

Nef 反应还有一种可能的机理就是硝基质子化成为强离去基，然后被水解成仲醇，仲醇的 α-氢向亚硝酸酰正离子上负氢转移生成酮：

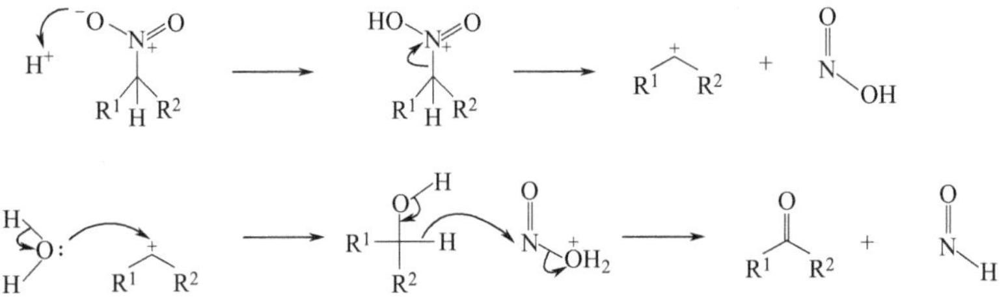

当然这一反应机理是否成立，应该观察是否有仲醇生成。

至于 HNO 转化成 N_2O 的机理，补充解析如下：

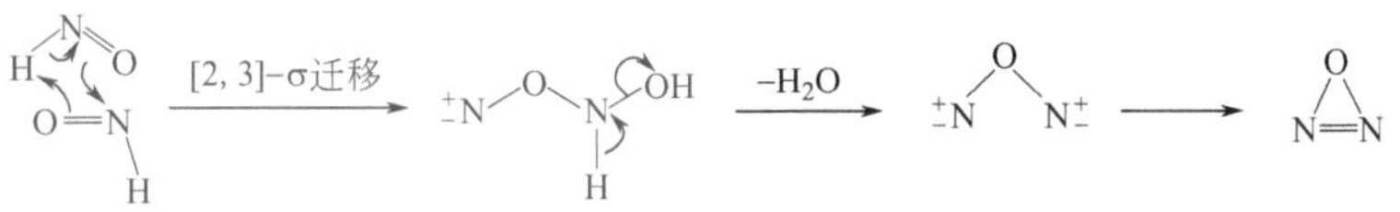

纵观如上讨论，有机反应机理往往一题多解，但独对电子转移的反应必须符合极性反应三要素的原理，这才是不可违背的最本质的规律。

◆ 参考文献 ◆

[1] Nef J U. Ann, 1894, 280: 263-342.
[2] Pinnick H W. Org React, 1990, 38: 655.(Review)

93. Negishi 交叉偶联

这是在钯催化作用下，有机卤化物与有机锌试剂的交叉偶联反应。

$$R-X + R^1-ZnX \xrightarrow{Pd(0)} R-R^1 + ZnX_2$$

现有文献将 Negishi 交叉偶联反应机理解析为：

$$R-X + L_2Pd(0) \xrightarrow{氧化加成} \underset{C}{\begin{matrix}R\ L\\ \ Pd\ \\ L\ X\end{matrix}} \xrightarrow[金属转移异构化]{R^1-ZnX}$$

$$ZnX_2 + \underset{E}{\begin{matrix}R\ L\\ \ Pd\ \\ L\ R^1\end{matrix}} \xrightarrow{还原消除} \underset{P}{R-R^1} + \underset{B}{L_2Pd(0)}$$

在上述交叉偶联机理解析式中，仅仅提及氧化加成、金属转移异构化、还原消除等概念，并未解析电子转移过程。机理解析补充如下：

$$R-X: \quad \cdot Pd\cdot \longrightarrow R\overset{+}{\underset{Pd}{X}} \xrightarrow{SET} R\cdot \ \cdot Pd-X \longrightarrow R-Pd-X$$

$$R-Pd-X \quad R^1-ZnCl \longrightarrow \underset{R\ R^1}{Pd} \xrightarrow{-Pd(0)} R-R^1$$

若将还原消除拆解成两步，则机理更加清晰。

$$\underset{R\ R^1}{Pd} \xrightarrow{-R^1} R-Pd^+ \xrightarrow{-Pd(0)} R^+ \quad R^1 \longrightarrow R-R^1$$

◆ 参考文献 ◆

[1] Negishi E I, Baba S. J Chem Soc, Chem Commun, 1976: 596-597.

[2] Negishi E I, King A O, Okukado N. J Org Chem, 1977, 42: 1821-1823.

[3] Negishi E I. Acc Chem Res, 1982, 15, 340-348.(Review)

94. Nenitzescu 吲哚合成

这是苯醌与 β-氨基丁烯酸酯缩合生成 5-羟基吲哚的反应。

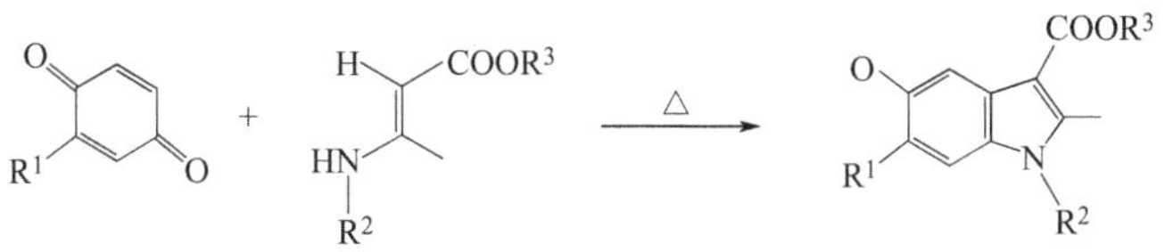

现有文献将 Nenitzescu 吲哚合成反应作了两种机理解析。

机理解析 1：

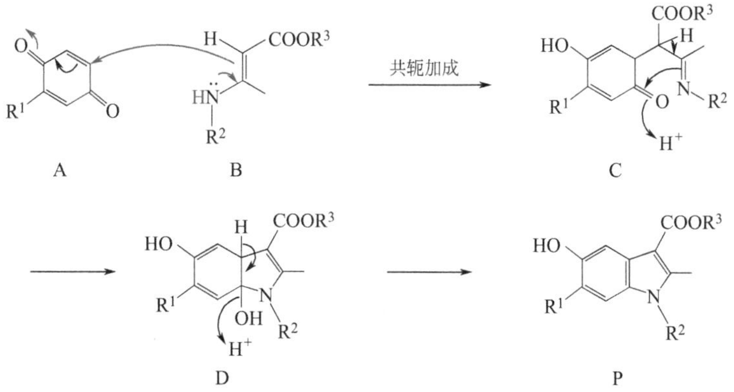

本机理解析在自 A、B 至 C 的电子转移弯箭头弯曲方向有的错了，氮原子与氢所成共价键上的电子对也应该协同地收回。此步机理应该修改为：

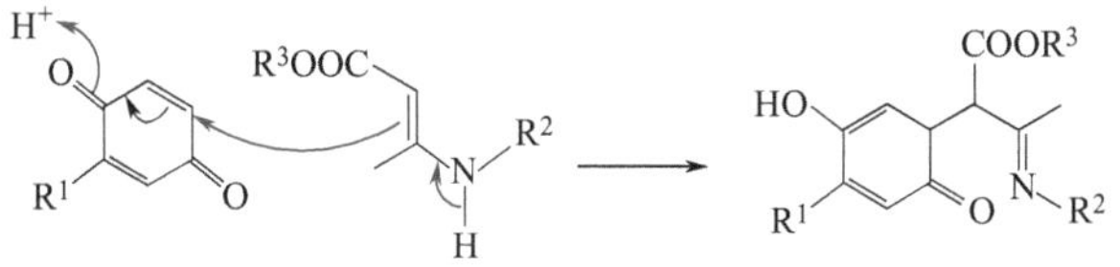

机理解析2：

此机理解析的第一步与机理解析1没有差别，而后续的解析就不合理了。在前述机理解析基础上，还将氧化还原反应增加了如下表述：

上述机理解析式中，两对电子的弯箭头全画反了。修改如下：

即便是更正弯箭头方向，上述机理仍然不正确。在上述机理解析式中，其氧化反应竟然是羟基上的氢原子带着一对电子离去，生成的负氢离子竟然与富电的羰基氧原子成键。这些解析毫无道理，违背了电子转移的基本规律。

综合上述，**在机理解析 1 的基础上，纠正 A 与 B 之间电子转移弯箭头方向，即为正确机理解析。**

参考文献

[1] Nenitzescu C D. Bull Soc Chim Romania, 1929, 11: 37-43.

[2] Allen G R. Org React, 1973, 20: 337-454.(Review)

[3] Kinugawa M, Arai H, Nishikawa H, et al. J Chem Soc, Perkin Trans 1, 1995: 2677-2681.

95. Noyori 不对称氢化

这是 β-羰基羧酸酯在 Ru(Ⅱ)BINAP 络合物催化下的不对称还原反应。

$$\underset{R}{\overset{O\quad O}{\|\ \|}}\text{OR}^1 \xrightarrow[R\text{-BINAP-Ru}]{H_2} \underset{R}{\overset{OH\quad O}{|\quad \|}}\text{OR}^1$$

R-BINAP-Ru = (R-BINAP 与 $RuCl_2L_2$ 的络合物)

$$[RuCl_2(BINAP)(slov)_2] \xrightarrow[-HCl]{H_2} [RuHCl(BINAP)(slov)_2]$$

现有文献将 Noyori 不对称氢化反应的催化循环式解析为：

(催化循环图：[RuHCl(BINAP)(slov)_2] → (BINAP)ClHRu 与 β-酮酯配位 → H⁺ 加成形成 (BINAP)ClHRu 与羟基酯的配合物 → solv 置换 → [RuCl(BINAP)(slov)_2]⁺ 并释放 β-羟基酯产物 → H_2, H⁺, solv → 回到 [RuHCl(BINAP)(slov)_2])

在上述催化循环式中，用虚线表示羰基与金属 Ru 之间的络合比较模糊。

羰基上独对电子进入金属 Ru 空轨道的络合过程，是典型的独对电子转移至空轨道的成键过程，兼顾到两个 π 键的活性次序，Noyori 不对称氢化的反应机理重新解析如下：

催化剂按如下方式实现催化循环：

◆ 参考文献 ◆

[1] Noyori R, Ohta M, Hsiao Y, et al. J Am Chem Soc, 1986, 108: 7117-7119.
[2] Takaya H, Ohta T, Sayo N, et al. J Am Chem Soc, 1987, 109: 1596-1598.

96. Nozaki-Hiyama-Kishi 反应

这是金属有机化合物对醛的加成反应。

$$R\text{—CH=CH—Br} + R^1\text{—CHO} \xrightarrow[\text{DMSO-SMe}_2]{\text{CrCl}_2,\ \text{NiBr}_2} R\text{—CH=CH—CH(OH)—}R^1$$

现有文献将 Nozaki-Hiyama-Kishi 反应机理解析为：

$$\text{NiBr}_2 \xrightarrow[\text{还原}]{\text{SMe}_2} \underset{B}{\text{Ni(0)}} \xrightarrow[\text{氧化加成}]{R\text{—CH=CH—Br}} \underset{C}{R\text{—CH=CH—Ni(II)—Br}}$$

$$\text{CrCl}_2 \rightarrow \text{CrCl}_3,\quad \text{Ni(0)} \leftarrow \text{Ni(II)}$$

$$R\text{—CH=CH—Ni(III)Cl}_2 \xrightarrow[\text{亲核加成}]{R^1\text{—CHO}}$$
D

$$\underset{E}{R\text{—CH=CH—CH(OCrCl}_2\text{)}R^1} \xrightarrow{\text{水解}} \underset{P}{R\text{—CH=CH—CH(OH)}R^1} + \underset{G}{\text{CrCl}_2X}$$

在上述机理解析式中，通篇未见电子转移标注，两种金属化合物的作用也未作区别，现补充修改重新解析如下：

二溴化镍的还原反应机理补充如下：

Nozaki-Hiyama-Kishi 反应的催化循环式为：

参考文献

[1] Okude C T, Hirano S, Hiyama T, et al. J Am Chem Soc, 1977, 99: 3179-3181.

[2] Takai K, Kimura K, Kuroda T, et al. Tetrahedron Lett, 1983, 24: 5281-5284.

[3] Jin H, Uenishi J, Christ W J, et al. J Am Chem Soc, 1986, 108: 5644-5646.
[4] Takai K, Tagahira M, Kuroda T, et al. J Am Chem Soc, 1986, 108: 6048-6050.

97. Passerini 反应

这是羧酸、异腈、酮类三组分缩合的反应。

$$R^1-\overset{+}{N}\equiv\overset{-}{C} \text{ (异腈)} + \underset{R^2}{\overset{O}{\underset{\|}{C}}}R^3 + R^4-COOH \longrightarrow R^1\underset{O}{\overset{H}{\underset{\|}{N}}}\overset{R^2R^3}{\underset{|}{C}}O\overset{O}{\underset{\|}{C}}R^4$$

现有文献将 Passerini 反应机理解析为：

(A 酮 + B 羧酸 → C 异腈加成 → D 五元环中间体)

酰基转移 → E → P

本机理解析的自 A 至 D 过程，将该反应看作是三个分子协同进行的电子转移，此种表达没有依据且原理缺失，还是分步进行的极性反应更简单、更合理。

(异腈进攻酮羰基 → 烯醇式负离子进攻羧酸 → D)

◆ 参考文献 ◆

[1] Passerini M. Gazz Chim Ital, 1921, 51: 126-129.
[2] Passerini M. Gazz Chim Ital, 1921, 51: 181-188.
[3] Ferosie I. Aldrichimica Acta, 1971, 4: 21.(Review)

98. Pechmann 缩合

这是在 Lewis 酸催化条件下，苯酚与 β-酮酸酯缩合成香豆素的反应。

现有文献将 Pechmann 缩合反应机理解析为：

上述机理解析存在活性关系颠倒等若干不规范之处。

A 结构氧原子上独对电子作为亲核试剂与亲电试剂成键过程中，氧原子应协同收回其与活泼氢共价键上独对电子。

B 结构上两个羰基氧与三氯化铝的络合采用虚线难解其中意义，应该以其极限方式生成共价键。

B 结构酮羰基上碳原子的亲电活性强于酯羰基，机理解析式中亲电试剂的活性次序颠倒了。

鉴于如上问题，Pechmann 缩合反应机理重新解析如下：

这才体现了活性高的基团首先反应的动力学规律。

◆ 参考文献 ◆

[1] Von Pechmann H, Duisberg C. Ber, 1883, 16: 2119.
[2] Corrie J E T. J Chem Soc, Perkin Trans 1, 1990: 2151-2997.

99. Pechmann 吡唑合成

这是重氮甲烷与炔烃发生的环加成反应。

$$H{-}\!\!\!\equiv\!\!\!-H \quad + \quad H_2C=\overset{+}{N}=\overset{-}{N} \quad \longrightarrow \quad \text{[吡唑环 NH]}$$

现有文献将 Pechmann 吡唑合成反应机理解析为：

$$\text{[机理图示]} \xrightarrow{\text{[3+2]加成}} \text{[中间体]} \longrightarrow \text{[吡唑]}$$

在上述机理解析式中，重氮甲烷的结构值得商榷，电子转移的标注错了。

重氮甲烷的分子量为 42，与乙醇、乙腈相近，但其沸点只有 $-23℃$，远远低于乙醇与乙腈，说明重氮甲烷应该具有更弱的极性，将重氮甲烷看作双离子结构显然不妥，因为物理性质是由分子结构决定的。根据重氮甲烷的沸点，只有以三元环状结构存在才有可能，至少在气相条件下是如此。重氮甲烷在光照条件下容易生成三线态卡宾也能证明如上结构。

$$\text{[三元环结构]} \longrightarrow N_2 \quad + \quad H_2C\colon$$

当然，三元环状化合物的键角较小而不够稳定，容易在一定条件下变形而异构化成另一种结构。然而，异构化过程也不能违背电子转移规律，此种异构化的共振平衡从原理上有两种如下可能：

$$\text{[环状结构]} \longrightarrow \overset{-}{}{-}\overset{+}{N}{=}N$$

文献中通常是以如上两种双离子形式来表示重氮甲烷结构的。且认为这两种双离子形式之间是共振的和相互转化的：

这显然违背电子转移规律，违背极性反应三要素的概念。上述两种结构的直接共振转化是不可能的。两者的相互转化必须经过三元环结构：

共振产物的结构也必须符合其化学性质，迄今所见的化学性质均可以 A 结构来解析，而与 B 结构不符。

由重氮甲烷的结构分析可得，Pechmann 吡唑合成反应机理应该解析为：

◆ 参考文献 ◆

[1] Pechmann, H, Duisberg C. Ber Dtsch Chem Ges, 1898, 31: 2950.

100. Perkow 反应

这是由 α-卤代酮与亚磷酸三烷基酯合成磷酸烯醇酯的反应。

$$R^1O-P(OR^3)(OR^2) + \underset{X}{\overset{O}{\|}}C-C \longrightarrow R^1O-P(=O)(OR^2)-O-C=C + R^3-X$$

具体的反应实例如下：

$$(EtO)_3P + Br-C(CH_3)_2-C(=O)-Ph \longrightarrow (EtO)_2P(=O)-O-C(Ph)=C(CH_3)_2 + EtBr\uparrow$$

现有文献将 Perkow 反应机理解析为：

$$\text{A} \xrightarrow{S_N2} \text{B} \xrightarrow{S_N2} \text{P} + EtBr\uparrow$$

此机理解析不合理。

首先，A 分子上亲电试剂与离去基显然颠倒了。碳氧双键上的电子云是偏向于氧原子的，故氧原子是离去基而羰基碳原子才是缺电体-亲电试剂。

其次，在 A 分子结构羰基的 α 位还有一个与卤素成键的碳原子，此碳原子的亲电活性高于羰基碳原子。

故 Pechmann 缩合反应的机理应该修改为：

这才符合极性反应三要素的规律，这才符合亲电试剂的活性排序。

◆ 参考文献 ◆

[1] Perkow W, Ullrich K, Meyer F. Nasturwiss, 1952, 39: 353.
[2] Perkow W. Ber Dtsch Chem Ges, 1954, 87: 755.
[3] Borowitz G B, Borowitz I. J Handb Organophosphorus Chem, 1992: 115. (Review)

101. Pfau-Plattner 薁合成

这是用重氮乙酸酯与茚合成薁的反应:

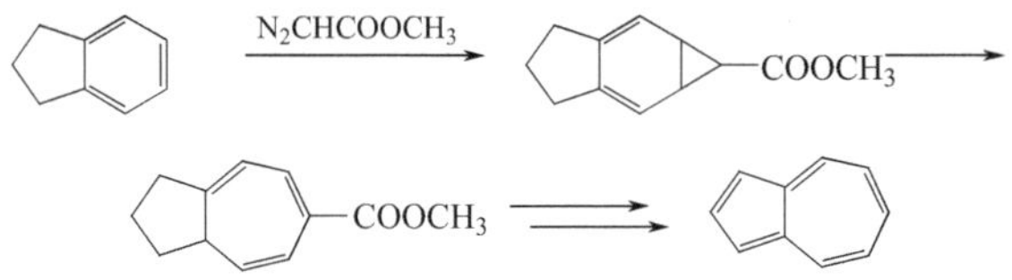

现有文献将 Pfau-Plattner 薁合成反应机理解析为:

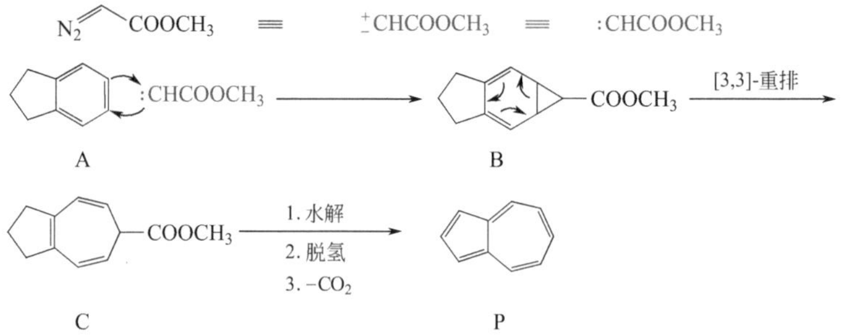

上述机理解析未能认清重氮乙酸酯的结构,并未解析其转化成单线态卡宾的机理,也没有区分单线态卡宾与三线态卡宾的联系与区别,仅仅提及了"反应过程中重氮化合物为卡宾等价物"而并未深入解析卡宾生成机理、种类与反应。

在上述机理解析式中,卡宾与芳环 π 键的加成机理混淆了单线态卡宾与三线态卡宾的区别,用三线态卡宾结构却以独对电子转移的弯箭头表述电子转移,这就产生了矛盾与混乱。

参考前述 Pechmann 吡唑合成反应关于重氮甲烷结构的讨论,同时考虑到此处卡宾生成之条件及卡宾的后续反应,生成的卡宾结构应该是单线态卡宾。

没有必要将单线态卡宾进一步解析为衰减成三线态卡宾。因为后续反应是以单线态卡宾形式进行的，而与三线态卡宾无关。

而现有机理解析式中是以三线态卡宾进行独对电子转移的，这显然不合理，因为在三线态卡宾上并没有可供成键的独对电子与空轨道。

请参见 Pechmann 吡唑合成反应机理讨论。

◆ 参考文献 ◆

[1] Pfan A S, Plattner P.A Helv Chim Acta, 1939, 22: 202.
[2] Huzita Y. J Chem Soc Jpn, 1940, 61: 729.

102. Pfitzinger 喹啉合成

这是碱性条件下邻氨基苯基乙酮酸（靛红酸）与 α-亚甲基酮缩合生成取代喹啉-4-羧酸的反应。

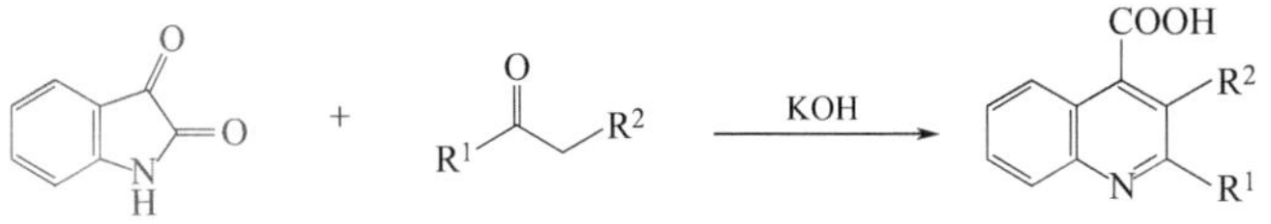

现有文献将 Pfitzinger 喹啉合成反应机理解析为：

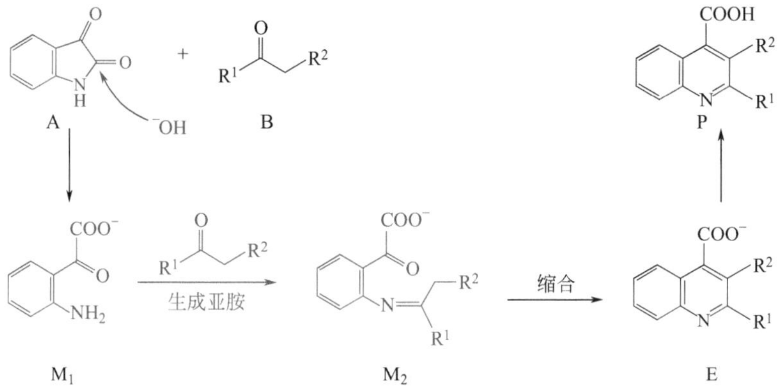

上述所谓机理解析仅仅画出了两个中间状态：M_1、M_2。并未解析这些中间状态和产物 P 生成的机理。现补充如下：

自 A 至 M_1 的反应机理：

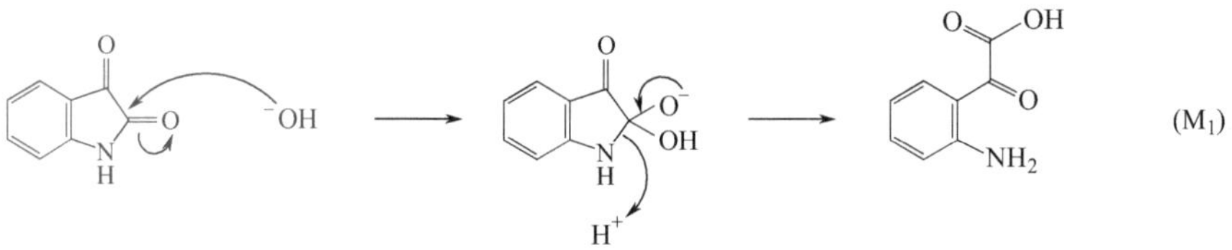

自 M_1 至 M_2 的反应机理：

自 M_2 至 P 的反应机理：

机理解析必须达到基元反应的深度，缺少过程的机理解析，是不完善的机理解析。

◆ 参考文献 ◆

[1] Buu-Hoi N P, Royer R, Nuong N D, et al. J Org Chem, 1953, 18: 1209.

103. Pinacol 重排

这是酸催化 Pinacol 重排成酮的反应。

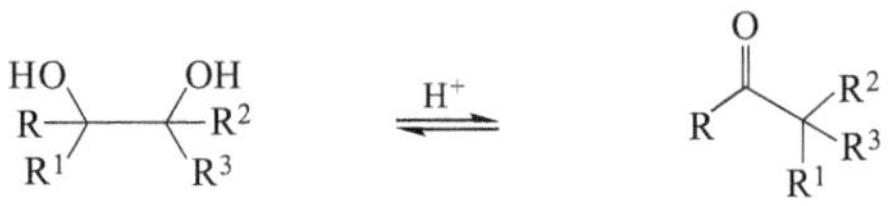

现有文献将 Pinacol 重排反应机理解析为：

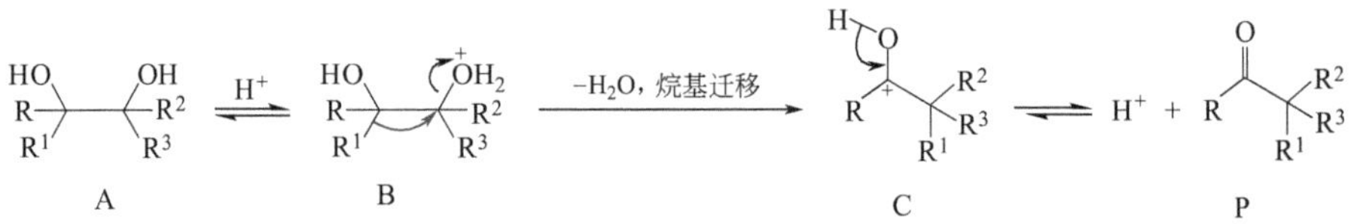

本机理解析自 B 至 C 阶段，是两对电子的协同转移，且烷基迁移的弯箭头弯曲方向画反了。此步最好分解成两步，成为缺电子重排的标准形式，便于理解反应之原理。

Pinacol 重排反应机理修改如下：

此标准形式的缺电子重排，方显示出反应原理。

◆ 参考文献 ◆

[1] Fittig R. Ann, 1860, 114: 54-63.

[2] Magnus P, Diorazio L, Donohoe T J, et al. Tetrahedron, 1996, 52: 14147-14176.

104. Pinner 合成

这是在无水氯化氢催化条件下，醇与腈加成生成亚氨基醚中间体。该中间体在酸性水溶液中生成酯，在氨的醇溶液中生成脒的反应。

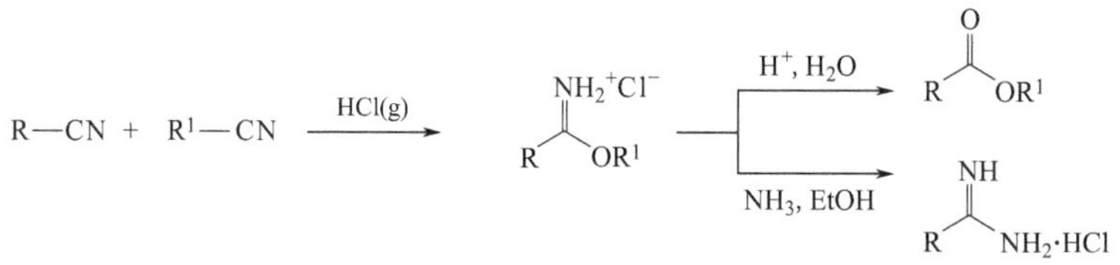

现有文献将 Pinner 合成反应过程中共用中间体 M 的生成机理解析为：

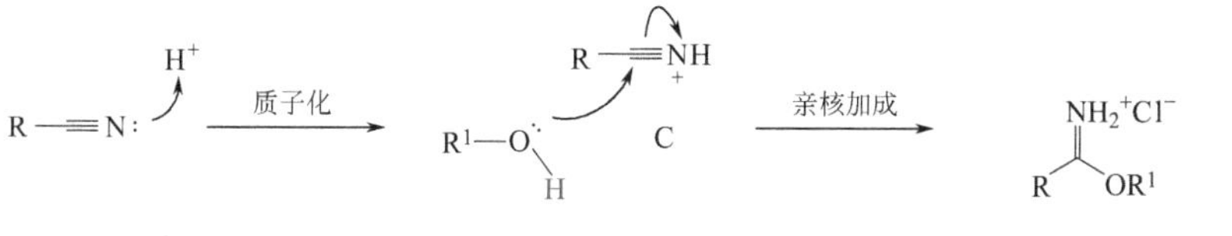

A　　　　　　　　　B　　　　　　　　　M
共同中间体

应该说，M 的生成机理并不规范，醇分子内氧原子与亲电试剂成键过程中应该协同地收回其与氢原子共价键上独对电子，否则其亲核活性不足。

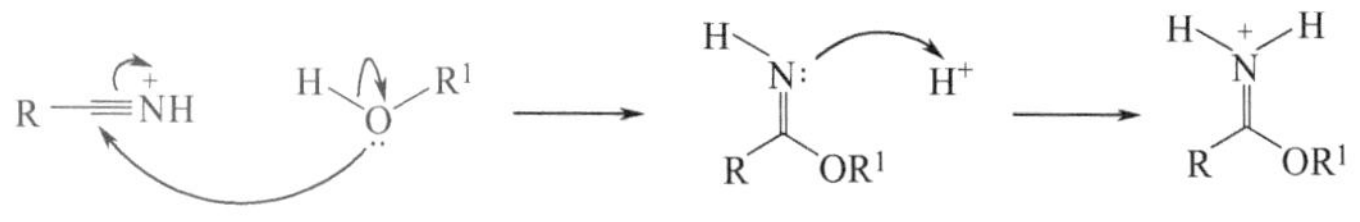

现有文献将 M 中间体在酸性水溶液中转化成酯的反应机理解析为：

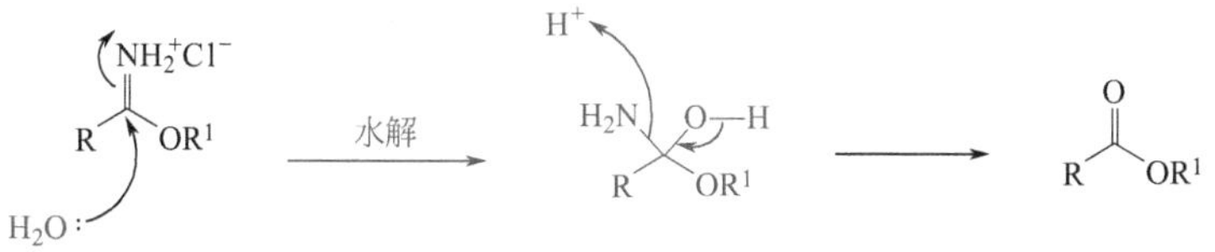

M　　　　　　　　　D　　　　　　　　　P_1

此机理解析完全无视酸碱性对于离去基活性的影响，违背了结活关系，即违背了化学反应的热力学规律，因而机理解析不合理。

水与 M 分子的加成反应，水分子上氧原子应该协同地收回其与一个氢原子共价键上独对电子，否则亲核试剂水活性不足；**在 D 分子结构中，氨基在未与质子成键之前其离去活性是低于烷氧基的，此处的结活关系错误。**

现将中间体 M 在酸性水溶液中转换成酯的反应机理重新解析为：

只有铵正离子的离去活性才强于烷氧基，因而优先离去。

由此可见，质子转移的时间、次序绝非简单的方式方法问题，而是体现试剂功能、活性，决定反应进行的方向的重大原则问题。

现有文献将 M 中间体在氨的醇溶液中转化成脒的反应机理解析为：

该机理解析同样无视离去活性随酸碱性变化的趋势，因而脱离了有机反应最本质的规律。

氨与中间体 M 的反应，首先应与氮正离子上的质子成键；另一氨分子在与亚氨基加成过程中，氮原子也应该协同地收回其与氢原子共价键上的独对电子，否则其亲核活性不足；**E 分子结构本身错误，碱性条件下根本没有那么多的氢离子**，且四面体结构的氮负离子在与中心碳原子成键时，铵基正离子是比烷氧基更强的离去基，故此处的结活关系错误。

现将中间体 M 在氨的醇溶液中转换成脒的反应机理重新解析为：

烷氧基的离去活性本身就强于氨基，与结活关系相符。

应该指出，本例之错误在其他机理解析过程中普遍存在，只不过本机理的错误更加集中，仅以本机理纠错为例，提醒读者注意质子化与否对于离去基活性之影响十分显著。

参考文献

[1] Pinner A, Klein F. Ber, 1877, 10: 1889-1897.
[2] Pinner A, Klein F. Ber, 1878, 11: 1825.

105. Polonovski 反应

这是用乙酸酐促进叔氮氧化物重排成 N,N-二取代的乙酰胺和醛的反应。

现有文献将 Polonovski 反应机理解析为：

自 D 至 P 过程也有可能如下：

此机理解析不合理。B 分子上的 N 正离子没有空轨道，也不可能腾出空轨道，因而 N 原子不是亲电试剂。这是因为氮正离子的电负性强于氧原子，氮氧共价键上独对电子偏向于氮原子一方，氮正离子只能是离去基。

自 B 至 D 反应应该属于富电子重排机理：

氧原子受到强电负性 N 正离子的诱导效应的影响而成为缺电子的亲电试剂。这是本分子结构的特征，也是机理解析之要点。

上述解析的另一机理，即由 D 生成四元环 E，再重排成 P 的机理，才是符合反应的正确解析。

◆ 参考文献 ◆

[1] Polonovski M, Polonovski M. Bull Soc Chim Fr, 1927, 41: 1190-1208.
[2] Michelot R. Bull Soc Chim Fr, 1969: 4377-4385.

106. Polonovski-Potier 反应

这是用三氟乙酸酐代替乙酸酐进行的 Polonovski 反应。

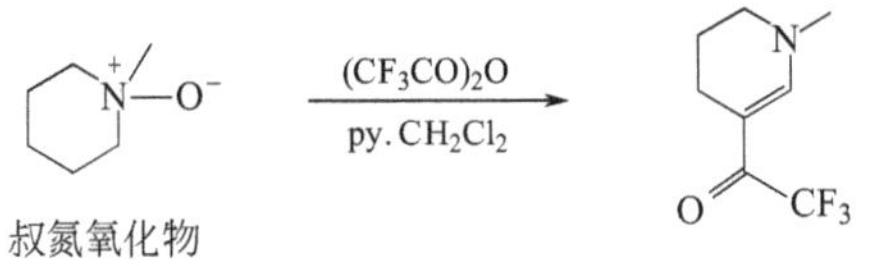

叔氮氧化物

现有文献将 Polonovski-Potier 反应机理解析为：

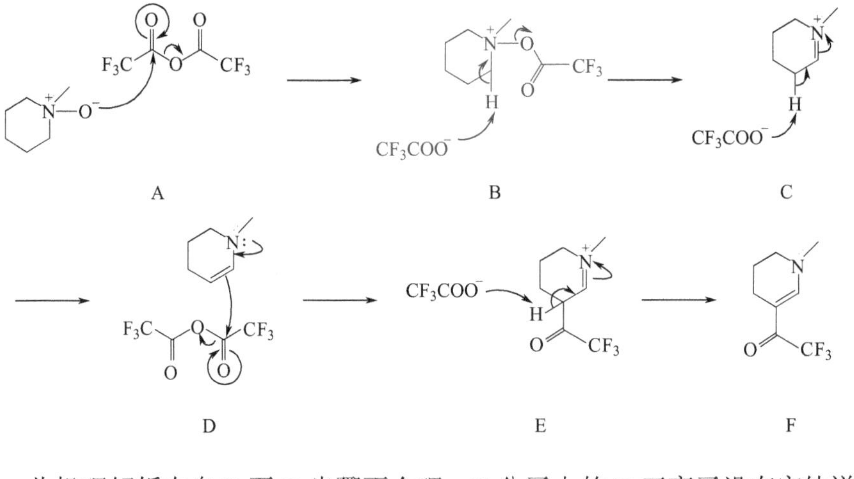

A　　B　　C

D　　E　　F

此机理解析在自 B 至 D 步骤不合理。B 分子上的 N 正离子没有空轨道，也不可能腾出空轨道，因而 N 正离子不是亲电试剂。这是由于氮正离子的电负性强于氧原子，氮氧共价键上独对电子偏向于氮正离子一方。

氮正离子为相对较大的电负性基团，属于离去基，则亲电试剂一定是与离去基成键的基团。与氮正离子成键的羧基氧原子才是缺电体亲电试剂，这样的三要素之间必然存在极性反应。自 B 至 D 过程改为：

这才能体现电子转移的客观规律。

[3,3]-σ 迁移机理更有可能：

参考文献

[1] Ahond A, Cavé A, Kan-Fan C, et al. Am Chem Soc, 1968, 90: 5622-5623.

[2] Husson H P, Chevolot L, Langlois Y, et al. J Chem Soc, Chem Commun, 1972: 930-931.

107. Prévost trans 二羟基化

这是在碘和苯甲酸银的参与下，烯烃生成反式二醇的反应。

现有文献将 Prévost trans 二羟基化反应机理解析为：

本反应与 Woodward 反应不同，上述机理显然不合理。

本反应所用的苯甲酸银是必要条件，而在上述解析式中似乎并非如此，这就否定了苯甲酸银与苯甲酸钠有区别。

根据原文献的反应条件，本反应是将碘与苯甲酸银在苯溶剂中先行反应的，而烯烃 A 则是后加入的，这又与机理解析过程描述的烯烃先与碘成键相矛盾。

机理解析式的中间体 D 羰基氧原子的亲核活性较弱而离去活性较强，因而不具备取代碘原子的能力。

综上所述，Prévost trans 二羟基化反应中间体 M 的生成机理重新解析如下：

请读者比较和区别 Woodward 顺二羟基化反应及其机理解析。

参考文献

[1] Prévost C. Compt Rend, 1933, 196: 1129-1131.

[2] Campbell M M, Sainsbury M, Yavarzadeh R. Tetrahedron, 1984, 40: 5063-5070.

108. Prilezhaev 反应

这是过氧苯甲酸对烯烃的环氧化反应。

$$\underset{R}{\overset{R^1}{\diagdown}}=\underset{}{\diagup} \xrightarrow{ArCO_3H} \underset{R}{\overset{O}{\triangle}}R^1$$

现有文献将 Prilezhaev 反应机理解析为：

（A） → ［蝶状过渡态 C］ → P + ArCOOH

上述机理解析表达模糊，且 A 与 B 间的电子转移标注错了，因此难以为读者所理解。

本机理解析者构思了一个蝶状过渡态，旨在告诉读者生成环氧化物的中间状态，那就应该引进虚线弯箭头，标注半对电子转移，且用虚线表示半个共价键。

本机理应该更形象地表示出亲电试剂，即具有空轨道的氧正离子形式，则反应原理便容易理解了。补充两种机理解析如下：

机理 1（先生成氧正离子的反应机理）：

机理2（先生成单线态原子氧的反应机理）：

将过氧苯甲酸形象地视作氧正离子，便能理解该反应之原理。

参考文献

[1] Prilezhaev N.Ber Dtsch Chem Ges, 1909, 64: 8041.
[2] Rebek J, Marshall L, McManis J, et al. J Org Chem, 1986, 51: 1649.
[3] Kaneti L.Tetrahedron, 1986, 42: 4017.

109. Prins 反应

这是烯烃与甲醛的加成反应。

$$R-CH=CH_2 + HCHO \xrightarrow[H_2O]{H^+} R-CH(OH)-CH_2-CH_2OH \ \text{或}\ R-CH=CH-CH_2OH \ \text{或}\ \text{（1,3-二氧六环）}$$

现有文献将 Prins 反应机理解析为：

（A 甲醛 ⇌ B 质子化甲醛 → M 共同中间体 碳正离子 → P₁ 1,3-二醇）

（M → P₂ 烯丙醇，脱 H⁺）

（A + M → C 七元环过渡态 → P₃ 1,3-二氧六环，脱 H⁺）

中间体 M 的生成仅仅是个基元反应，然而电子转移的弯箭头弯曲方向画错了。应该改为：

$$R-CH=CH_2 + H-CHO \cdot H^+ \longrightarrow R-\overset{+}{C}H-CH_2-CH_2-OH$$

P₃ 生成的机理不对。醛羰基氧原子若作为亲核试剂则必须将醛转化成醇，否则亲核活性不足，且离去活性太强。

应该将 P₃ 生成的机理解析成中间体 M 与甲醛 A 的缩合，这样才能将反应活性顺序体现出来。

参考文献

[1] Prins H. J Chem Weekblad, 1919, 16: 1072-1023.

[2] Adam D R, Bhatnagar S P. Synthesis, 1977: 661-672.(Review)

110. Pschorr 闭环

这是重氮盐在铜催化作用下与芳烃之间的分子内闭环缩合反应。

现有文献将 Pschorr 闭环反应机理解析为:

上述机理解析在生成重氮盐 H 之后，自 H 至 P 过程未将铜的催化作用说清楚，补充如下：

正是铜外层的自由电子转移，促进了重氮盐的分解，生成了苯自由基。

◆ 参考文献 ◆

[1] Pschorr R. Ber, 1896, 29: 496-501.
[2] Kupchan S M, Kameswaran V, Findlay J W A. J Org Chem, 1973, 38: 405-406.

111. Pummerer 重排

这是用乙酸酐将亚砜转化成 α-酰氧基硫醚的反应。

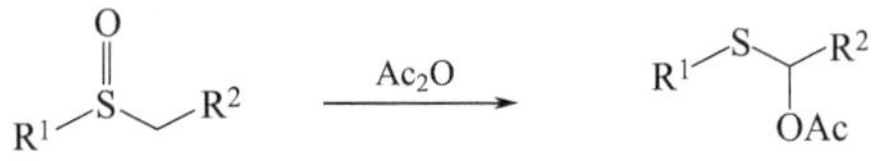

$$R^1-\underset{O}{\overset{}{S}}-CH_2R^2 \xrightarrow{Ac_2O} R^1-S-\underset{OAc}{\overset{R^2}{C}H}$$

现有文献将 Pummerer 重排反应机理解析为：

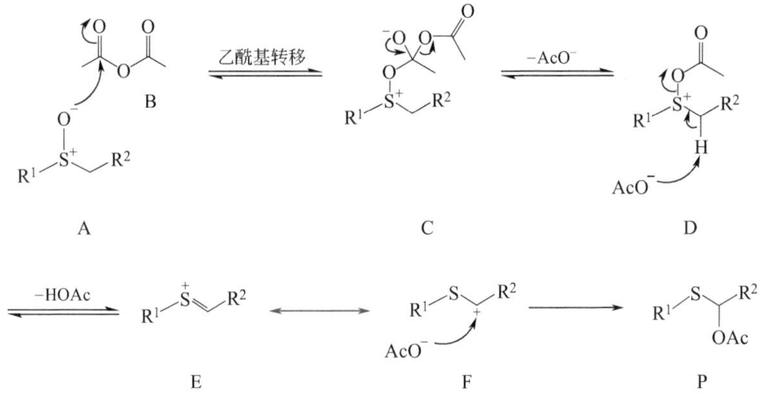

上述机理解析没有原则上错误，然而此机理还有更简化的机理解析方法，[2,3]-σ 迁移反应一般具有更低的活化能。

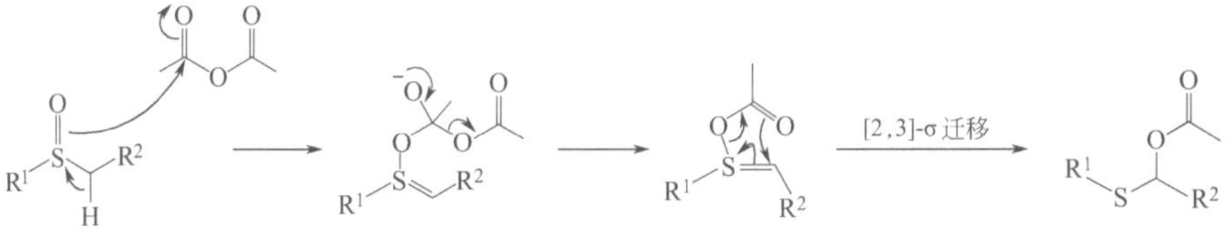

◆ 参考文献 ◆

[1] Pummerer R. Ber, 1910, 43: 1401-1412.
[2] Katsuki T, Lee A W M, Ma P, et al. J Org Chem, 1982, 47: 1373-1378.

112. Ramberg–Bäcklund 烯烃合成

这是 α-卤代砜用碱处理生成烯烃的反应。

$$\underset{\underset{O}{\overset{O}{\|}}}{R-\overset{X}{\underset{}{C}}H-S-CH_2-R^1} \xrightarrow{碱} R-CH=CH-R^1 + O=S=O\uparrow$$

现有文献将 Ramberg–Bäcklund 烯烃合成反应机理解析为:

A ⇌ B —背后取代→

C —挤出 SO$_2$→ P + O=S=O↑

上述机理解析在自 C 至 P 部分存疑。因为将 SO$_2$ 挤出来应该不易，是需要外界条件即亲核试剂参与的。现补充如下:

挤出 SO$_2$ 的可能机理 1:

$^-$OH + O=S=O ⟶ HSO$_3^-$

挤出 SO$_2$ 的可能机理 2:

◆ 参考文献 ◆

[1] Ramberg L, Bäcklund B. Arkiv Kemi Mineral Geol, 1940, 13A: 1-50.
[2] Paquette L. A Acc Chem Res, 1968, 1: 209-216.(Review)
[3] Paquette L. A Org React, 1977, 25: 1-71.(Review)

113. Reformatsky 反应

这是 α-卤代酯与金属锌生成锌试剂对羰基的加成反应。

现有文献将 Reformatsky 反应机理解析为：

此机理解析缺少应有的中间状态及电子转移表述。补充如下：

◆ 参考文献 ◆

[1] Reformatsky S. Ber, 1887, 20: 1210-1211.

[2] Rathke M W. Org React, 1975, 22: 423-460.(Review)

[3] Fürstner A. Synthesis, 1989: 571-590.(Review)

114. Regitz 重氮盐合成

这是用有机磺酰叠氮化物与 β- 酮酸酯合成重氮盐的反应。

现有文献将 Regitz 重氮盐合成反应机理解析为：

此机理解析存在着诸多原则上的错误。

关于叠氮化物的分子结构，本机理写成了双离子的 C 结构。然而，对于最简单的叠氮化合物——叠氮酸来说，其分子量为 43，与乙醇、乙腈差不多，可其沸点只有 36.8°C，远低于乙醇、乙腈的沸点，由此可见叠氮酸分子的极性更弱，不应该具有双离子结构，至少在气相状态下是如此。因此，叠氮酸只有可能是三元环状结构。

然而三元环状的叠氮化合物不够稳定，容易受外界电场、溶剂等因素的影响极化而开环，生成极性较大的、反应活性较强的双离子结构，而生成的双离子结构又有两种可能：

$$\overset{-}{R-N}\overset{+}{=N=N} \qquad R-N=\overset{+}{N}=\overset{-}{N}$$
$$C_1 \qquad\qquad C_2$$

由 C_1 与 C_2 的结构容易判断，无论哪种结构其中间位置的氮正离子均不具有亲电性，故本机理解析的 C 结构颠倒了亲电试剂与离去基的位置，有违极性反应的常识。

此外，重氮化合物的共振有其规律性，按照电子转移规律，两种结构 P_1 与 P_2 是不能直接相互转化的，各自存在着自身的异构循环过程。参见 Arndt-Eistert 同系化反应机理解析。

与重氮化合物的异构化规律类似，叠氮化合物也存在着两种异构的循环：

由此可见，两种离子对叠氮化合物也是不能直接相互转化的，即便能够转化也必须经过三元环状结构阶段。

究竟实际的异构遵循上述的哪一种，则只能依据各原子的功能与反应活性判断。在迄今所见的实例中，端点上的 N 原子总是作为亲电试剂与亲核试剂成键的，没有例外。故只有 C_1 结构才符合其反应活性。

故 Regitz 重氮盐合成反应机理应该改为：

很遗憾，现有机理解析已经解析到重氮盐 P_1 阶段了，却又补充了自 P_1 至 P_2 阶段，这显然是画蛇添足之举。因为两种结构是不能直接转化的，两者的相互转化必然经过三元环状结构阶段，且从重氮化合物的化学性质来说，只与 P_1 结构相符。参见 Pfau-Plattner 薁合成机理解析。

Regitz 重氮盐合成的另一实例：

现有文献将 Regitz 重氮盐合成的上述实例的反应机理解析为：

此机理认识到了叠氮化合物 C 的正确结构及其各个原子的性质，但在自 E 至 P 阶段所描述的重氮化合物结构不对。修改如下：

参考文献

[1] Regitz M. Angew Chem Int Ed, 1967, 6: 733-741.

[2] Regitz M, Anschütz W, Bartz W, et al. Tetrahedron Lett, 1968, 9: 3171-3174.
[3] Regitz M.Synthesis, 1972: 351-373.(Review)

115. Reimer-Tiemann 反应

这是在碱性条件下酚与氯仿合成水杨醛的反应。

PhOH + CHCl$_3$ + 3KOH ⟶ 邻-HOC$_6$H$_4$CHO + 3KCl + 2H$_2$O

现有文献将 Reimer-Tiemann 反应机理解析为：

$$Cl_3C-H \xrightleftharpoons[^-OH]{快} H_2O + {}^-CCl_2Cl \xrightarrow[\alpha-消除]{-Cl^-, 慢} :CCl_2 \equiv {}^+_-CCl_2$$

A　　　　　　　　　　　　　　B　　　　　　　　　　　P$_1$

（D: 苯酚 →[KOH, -H$_2$O] E: 苯氧负离子 + $^+_-$CCl$_2$ → F: 环己二烯酮-CCl$_2$中间体 → G: 带Cl的中间体 → H → I: 含CHOH的中间体 → J → P$_2$: 水杨醛）

按照上述机理解析，应该以羟基的对位产物为主，而这恰恰与实际情况相矛盾。**本机理并未解析邻位取代之原因**。

在二氯卡宾生成步骤，现有机理解析不准确。应该改为：

$$Cl_3C-H \xrightleftharpoons[H_2O]{^-OH} {}^-CCl_3 \xrightleftharpoons[Cl^-]{-Cl^-} {}^+_-CCl_2$$

也就是说，**只能生成单线态卡宾，且反应是处于平衡状态的**。单线态卡宾虽可能衰减成三线态卡宾，但与本反应无关而无需表示出来。

$$:CCl_2 \xrightarrow{衰减} \cdot\dot{C}Cl_2$$

此反应之所以选择性地生成邻位取代物，是因为酚羟基与氯仿之间存在分子间异性电荷的静电引力。

故 Reimer-Tiemann 反应机理自 D 至 H 步骤应该改为：

此例说明：不是氯仿在碱性条件下都生成了卡宾，而是一个平衡过程。恰恰此反应是苯氧基负离子与氯仿的反应。

只有这样，才能解释为什么是邻位取代而不是对位。

◆ 参考文献 ◆

[1] Reimer K, Tiemann F. Ber, 1876, 9: 824-828.
[2] Wynberg H, Meijer E W. Org React, 1982, 28: 1-36.(Review)
[3] Bird C W, Brown A L, Chan C C. Tetrahedron, 1985, 41: 4685-4690.

116. Reissert 醛合成

这是用喹啉和氰化钾还原酰氯,制备相应的醛的反应。

现有文献将 Reissert 醛合成反应机理解析为:

此机理解析不合理。

从 D 结构是难以生成 E 结构再共振成 F 结构的，羰基氧只有转化成羟基氧才有可能，故只有在另一亲核试剂与羰基加成后才能进行此反应。

从 F 结构也不可能共振异构成 G 结构，因为氮正离子不是亲电试剂只是离去基，而亚氨基上碳原子为亲电试剂，并非具有较大电负性基团。显然自 F 至 G 的机理解析违背了三要素的基本概念，以此种不存在的共振来表述两个基团间的氧化还原反应显然不合理。

自 F 至 J 阶段的反应机理应该修改为：

唯有负氢转移才是还原反应基本特征。

◆ 参考文献 ◆

[1] Reissert A. Ber, 1905, 38: 1603-1614.
[2] Reissert A. Ber, 1905, 38: 3415-3435.

117. Riley 氧化

这是羰基 α 位亚甲基被 SeO_2 氧化成酮的反应。

$$R^1\text{-}CH_2\text{-}CO\text{-}R^2 \xrightarrow{SeO_2} R^1\text{-}CO\text{-}CO\text{-}R^2 + H_2O + Se$$

现有文献将 Riley 氧化反应机理解析为：

A $\xrightarrow{\text{ene反应}}$ B $\xrightarrow{[2,3]\text{-重排}}$ C

$$\longrightarrow R^1\text{-}CO\text{-}CO\text{-}R^2 + H_2O + Se$$

P

此机理解析问题较多：

自 A 至 B 步骤命名为烯反应，其实质仍是三对电子的协同迁移，与 [3,3]-σ 迁移没有本质上的区别，而过多地使用概念没有好处，还是统一概念为好。

自 B 至 C 步骤的 [2,3]-σ 迁移，此处电子转移表述错误。

自 C 至 P 步骤**将具有最大电负性的氧原子摆在了亲电试剂位置是错的**。

自 C 至 P 步骤应表述为 [2,3]-σ 迁移机理，且**必须将负氢的转移表述出来**。

Riley 氧化反应机理重新解析如下：

◆ 参考文献 ◆

[1] Riley H L, Morley J F, Friend N A C.J Chem Soc,1932: 1875.
[2] Rabjohn N.Org React, 1976, 24: 261.

118. Rosenmund 还原

这是用硫酸钡毒化钯催化剂，使其还原反应停留在醛的阶段而不会继续深度还原的反应。

$$\underset{R}{\overset{O}{\|}}{-Cl} \xrightarrow[\text{Pd-BaSO}_4]{H_2} \underset{R}{\overset{O}{\|}}{-H}$$

现有文献将 Rosenmund 还原反应机理解析为：

$$\text{/ / /PdPd/ /}\quad\text{H-H} \longrightarrow \text{/ / /PdPd/ /}\quad\text{H--H}$$

$$\longrightarrow \text{/ / /PdPd/ /}\quad\underset{H\ \ H}{} \longrightarrow \text{H-Pd-H}$$

$$\underset{R}{\overset{O}{\|}}{-Cl} \xrightarrow[\text{氧化加成}]{\text{Pd(0)}} \underset{R}{\overset{O}{\|}}{-Pd-Cl} \xrightarrow[\text{配体交换}]{\text{H-Pd-H}}$$

$$\underset{R}{\overset{O}{\|}}{-Pd-H} \xrightarrow{\text{还原消除}} \text{Pd(0)} + \underset{R}{\overset{O}{\|}}{-H}$$

上述机理解析将 Rosenmund 还原反应解析为氧化加成、配体交换和还原消除三个阶段。然而**前两个阶段并未表述电子转移过程，需要补充完善**。

此外**还原消除过程的电子转移标注错了**。钯原子只能从电负性小的基团得到电子而将一对电子丢给电负性较大的基团。

Rosenmund 还原反应机理重新解析如下。

氧化加成：

配体交换：

还原消除：

◆ 参考文献 ◆

[1] Rosenmund K W. Ber, 1918, 51: 585-594.
[2] Mosettig E, Mozingo R. Org React, 1948, 4: 362-377.(Review)

119. Rubottom 氧化

这是将烯醇硅烷氧化成 α-羟基酮的反应。

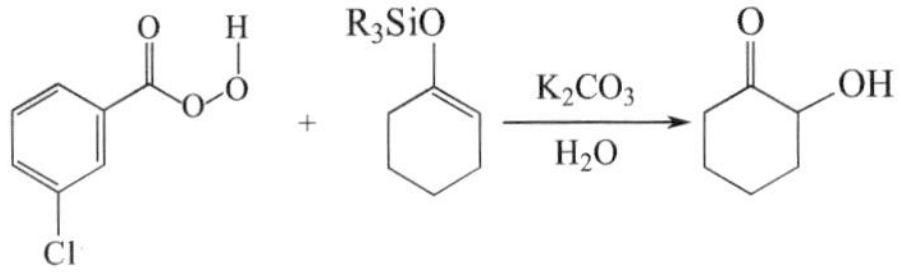

现有文献将 Rubottom 氧化反应机理解析为：

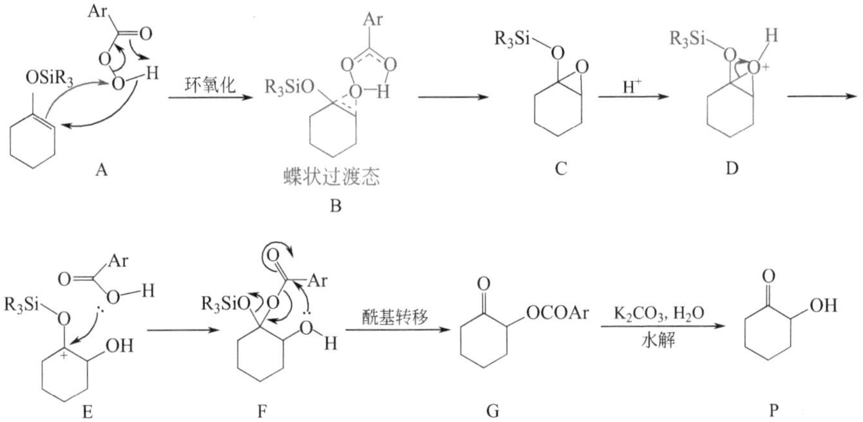

上述机理解析不简洁、不清晰，自 A 至 B 过程构思了一个 B 结构的蝶状过渡态，本身就将简单的问题复杂化了，加之一个弯箭头弯曲方向错误，读者难以理解。

此反应按照极性反应三要素来解析，过程与原理非常简单。

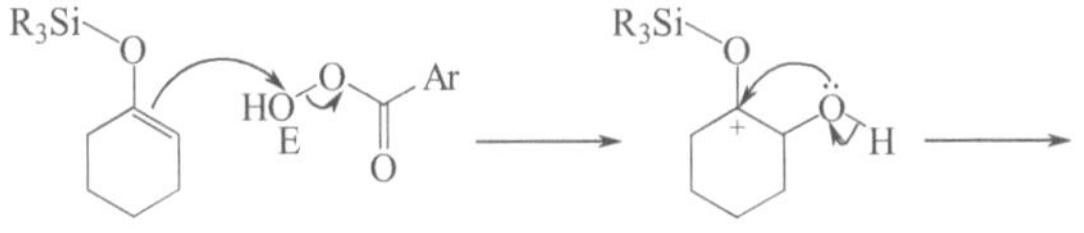

其实，我们还可以形象化地将过氧羧酸视作单线态原子氧，其与烯烃加成成环氧化物，再与羧酸之间发生 σ 迁移反应。反应机理重新解析为：

只要按照极性反应三要素来解析，才容易将反应过程与原理揭示出来。

◆ 参考文献 ◆

[1] Rubottom G M, Vazquez M A, Pelegrina D R. Tetrahedron Lett, 1974, 15: 4319-4322.

[2] Andriamialisoa R Z, Langlois N, Langlois Y. Tetrahedron Lett, 1985, 26: 3563-3566.

120. Sandmeyer 反应

这是卤化亚铜催化条件下，芳烃重氮盐生成卤代芳烃的反应。

$$ArN_2^+Y^- \xrightarrow{CuX} Ar-X \quad X=Cl, Br, CN$$

具体实例为：

$$ArN_2^+Cl^- \xrightarrow{CuCl} Ar-Cl$$

现有文献将 Sandmeyer 反应机理解析为：

$$\underset{A}{ArN_2^+Cl^-} \xrightarrow{CuCl} N_2\uparrow + \underset{B}{Ar\cdot} + CuCl_2 \longrightarrow \underset{P}{Ar-Cl} + CuCl$$

上述机理解析并未标注电子转移过程。现补充如下：

$$Ar-\overset{+}{N}\equiv N \quad \cdot Cu-Cl \xrightarrow[-\overset{+}{CuCl}]{SET} Ar-\overset{\frown}{N}\overset{\frown}{=}N \xrightarrow{-N_2} Ar\cdot$$

$$\cdot Cl \quad \overset{+}{CuCl} \longrightarrow CuCl \cdot Cl \quad \cdot Ar \longrightarrow ArCl + CuCl$$

电子转移乃有机反应的基本特征，没有电子转移的机理解析是不完善的。

◆ 参考文献 ◆

[1] Sandmeyer T. Ber, 1884, 17: 1633.
[2] Suzuki N, Azuma T, Kaneko Y, et al. J Chem Soc, Perkin Trans 1, 1987: 645-647.
[3] Merkushev E B. Synthesis, 1988: 923-937.(Review)

121. Sarett 氧化

这是用三氧化铬将羟基氧化成羰基化合物的反应。

现有文献将 Sarett 氧化反应机理解析成两种。

机理一（分子间机理）：

这种机理解析错误。B 与 C 成键后不可能生成 P，而只能生成卡宾。

原理很简单，碳负离子的电负性远远小于氧原子，唯有氧原子从碳负离子上得到电子离去才是最容易发生的。

机理二（分子内机理）：

这与分子间机理在原理上没有区别，同样只能生成卡宾。

对于氧化还原反应来说，最重要的概念是：**提供独对电子的负氢是还原剂，提供空轨道的正氧是氧化剂**。上述两种机理解析恰恰违背了这一基本原理。

Sarett 氧化反应只能是 [2,3]-σ 重排过程：

或

总之，负氢转移才是还原反应之特征。

◆ 参考文献 ◆

[1] Poos G I, Arth G E, Beyler R E, et al. J Am Chem Soc, 1953, 75: 422.
[2] Holum J R. J Org Chem, 1961, 26: 4814.

122. Schiemann 反应

这是芳胺生成重氮盐后,再热分解的反应过程。

$$Ar-NH_2 + HNO_2 + HBF_4 \longrightarrow ArN_2^+BF_4^- \xrightarrow{\triangle} Ar-F + N_2\uparrow + BF_3$$

现有文献将 Schiemann 反应机理解析为:

$$HO-N=O \xrightarrow{HBF_4} H_2O^+-N=O \longrightarrow H_2O + N\equiv O^+$$
$$\quad\quad A \quad\quad\quad\quad\quad B \quad\quad\quad\quad\quad C$$

$$Ar-\overset{..}{N}H_2 \cdots N\equiv O^+ \xrightarrow{-H^+} Ar-\overset{H}{N}-N=O \longrightarrow Ar-N=N-OH$$
$$\quad\quad D \quad\quad\quad\quad\quad\quad F \quad\quad\quad\quad\quad\quad G$$

$$\xrightarrow{H^+} Ar-N=N-\overset{+}{O}H_2 \longrightarrow H_2O + Ar-\overset{+}{N}\equiv N \longleftrightarrow$$
$$\quad\quad\quad\quad H \quad\quad\quad\quad\quad\quad\quad I$$

$$ArN_2^+BF_4^- \xrightarrow{\triangle} N_2\uparrow + Ar^+ + \bar{F}-BF_3 \longrightarrow Ar-F + BF_3$$
$$\quad J \quad\quad\quad\quad\quad\quad K \quad\quad\quad\quad\quad P$$

此机理解析有两点不足之处:

自 D 至 F 过程中,苯胺为含有活泼氢亲核试剂,在其中心原子 N 上独对电子与亲电试剂成键过程中,其与活泼氢共价键上独对电子应协同收回。

$$Ar-\overset{H}{\underset{H}{N}}\cdots N\equiv O^+ \longrightarrow Ar-\overset{H}{N}-N=O$$

自 I 至 P 过程中缺少必要的电子转移标注，且亲核试剂电荷标注错误。补充修改如下：

$$Ar-\overset{+}{N}\equiv N \xrightarrow[\Delta]{-N_2} Ar^+ \quad F-\overset{-}{B}F_3 \xrightarrow{-BF_3} Ar-F$$

◆ 参考文献 ◆

[1] Balz G, Schiemann G. Ber, 1927, 60: 1186-1190.
[2] Roe A. Org React, 1949, 5: 193-228. (Review)
[3] Sharts C M. J Chem Educ, 1968, 45: 185-192. (Review)

123. Schmidt 反应

这是用叠氮酸将酮转化为酰胺的反应。

$$R^1\text{-CO-}R^2 \xrightarrow[H^+]{HN_3} R^2\text{-CO-NH-}R^1 + N_2\uparrow$$

现有文献将 Schmidt 反应机理解析为：

$$R^1\text{-CO-}R^2 \xrightarrow{H^+} R^1\text{-C(}^+\text{OH)-}R^2 \xrightarrow{HN_3} R^1R^2\text{C(OH)(N}_3\text{)} \equiv R^1R^2\text{C(OH)(N=N}^+\text{=N}^-\text{)}$$

A　　　　　　　B　　　　　　　C　　　　　　　D

$$\xrightarrow{H^+} E \xrightarrow{-H_2O} F \xrightarrow{R^1 \text{迁移}}$$

E　　　　　　　F

$$N_2\uparrow + R^2\text{-C(OH}_2\text{)=N}^+\text{-}R^1 \rightarrow H^+ + R^2\text{-C(OH)=N-}R^1 \xrightarrow{\text{互变异构}} R^2\text{-CO-NH-}R^1$$

G　　　　　　　H　　　　　　　P

氰基正离子中间体
(参见 Ritter 中间体)

上述机理解析有三点不足之处：

一是关于叠氮化物的分子结构，本机理写成了双离子的 B 结构。然而，对于最简单的叠氮化合物——叠氮酸来说，其分子量为 43，与乙醇、乙腈差不多，可其沸点只有 36.8℃，远低于乙醇、乙腈的沸点，由此可见叠氮酸分子的极性更弱，不应该具有离子对结构，至少在气相是如此。故叠氮酸只能是三元环状结构。

因此，自 B 至 C 的反应机理应为：

二是自 C 至 F 过程中，中间状态 D 与 E 结构没有依据，因为 D、E 结构既与其物理性质不符，也与化学性质不符。且从 E 结构也不可能生成 F 结构。这是因为 E 分子中间的那个氮正离子没有空轨道，不是亲电试剂，不可能接受电子；其电负性又太强，也不可能失去电子。故自 C 至 F 最合理的过程为：

三是自 F 至 G 过程的解析比较抽象，应该分成三步解析，方可认清过程与原理。

关于叠氮化合物的结构与异构化，请参考 Regitz 反应的机理解析。

◆ 参考文献 ◆

[1] Schmidt K F. Angew Chem, 1923, 36: 511.
[2] Schmidt K F. Ber, 1924, 57: 704-706.
[3] Wolff H. Org React, 1946, 3: 307-336.（Review）

124. Schmidt 苷化反应

这是路易斯酸催化条件下邻基参与的合成手性芳醚的反应。

现有文献将 Schmidt 苷化反应机理解析为:

上述机理有两个地方值得商榷。

一是自 D 至 E 步骤 E 的结构有两处不对。N 原子上独对电子只能进入三氟化硼空轨道，故**原与三氟化硼络合的乙醚必须离去，这样才能腾出空轨道**。此外，在 N 原子上独对电子进入硼的空轨道时，应协同地收回其与活泼氢成键的那对电子。

二是自 E 至 P 的原理不对。羰基转化成羟基与亲电试剂成键过程中，不能有碳正离子 F 出现，因为一旦生成部分正电荷，其亲核活性降低，离去活性增加，不可能真正地转化成 F。故**只有乙酰基转化成烯醇式结构条件下该反应才容易发生**。

综上所述，Schmidt 苷化反应机理的自 D 至 P 部分应该改为：

参考文献

[1] Grundler G, Schmidt R R. Carbohydr Res, 1985, 135: 203-218.

[2] Schmidt R R. Angew Chem Int Ed, 1986, 25: 212-235.(Review)

[3] Smith A L, Hwang C K, Pitsinos E, et al. J Am Chem Soc, 1992, 114: 3134-3136.

[4] Toshima K, Tatsuta K. Chem Rev, 1993, 93: 1503-1531.(Review)

[5] Nicolaou K C. Angew Chem Int Ed, 1993, 32: 1377-1385.(Review)

125. Shapiro 反应

这是对甲苯磺酰腙经碱处理得到取代烯烃的反应。

现有文献将 Shapiro 反应机理解析为：

（A、B、C、D、P 机理示意图）

本机理解析在自 B 至 C 步骤所解释的原理不清晰，将此步骤拆成两步更好。因为**氮负离子的电负性下降，离去基容易离去生成氮烯**。这为消除反应创造了条件。Shapiro 反应自 B 至 C 步骤的反应机理修改为：

◆ 参考文献 ◆

[1] Shapiro R H, Duncan J H, Clopton J C. J Am Chem Soc, 1967, 89: 471-472.
[2] Shapiro R H, Heath M J. J Am Chem Soc, 1967, 89: 5734-5735.

126. Sharpless 不对称羟胺化

这是锇与氮和氧的化合物与烯烃的顺式加成反应。

$$\text{R} \diagup \diagdown \text{R}^1 \xrightarrow[\substack{\text{ClNaN—X} \\ t\text{-BuOH, H}_2\text{O}}]{\substack{\text{手性配体} \\ \text{K}_2\text{OsO}_2(\text{OH})_4}} \underset{\text{HO}}{\text{R}} \diagup \diagdown \underset{\text{NHX}}{\text{R}^1}$$

现有文献给出了 Sharpless 不对称羟胺化反应的催化循环：

很难理解此机理解析的依据，甚至连最基本的电子衡算也未做到。机理解析的各个步骤，与电子转移规律缺乏相关性。故此机理解析不合理。

Sharpless 不对称羟胺化反应机理并不复杂，只要根据极性反应三要素的规律逐步推理即可。

鋨氧化物的催化循环由下式给出：

参考文献

[1] Herranz E, Sharpless K B. J Org Chem, 1978, 43: 2544-2548.
[2] Li G, Angert H H, Sharpless K B. Angew Chem Int Ed, 1996, 35: 2813-2817.
[3] Rubin A E, Sharpless K B. Angew Chem Int Ed, 1997, 36: 2637-2640.
[4] Kolb H C, Sharpless K B. Transi-tion Met Org Synth, 1998, 2: 243-260.(Review)
[5] Thomas A, Sharpless K B. J Org Chem, 1999, 64: 8379-8385.
[6] Gontcharov A V, Liu H, Sharpless K B. Org Lett, 1999, 1: 783-786.

127. Sharpless 不对称环氧化

这是以 Ti(Oi-Pr)$_4$ 与酒石酸二乙酯为催化剂,用过氧化叔丁醇对烯丙醇的选择性氧化过程。

现有文献给出了 Sharpless 不对称环氧化反应的催化物种、过渡态与催化循环。

催化物种:

过渡态:

催化循环:

上述催化循环应该看作是未标明电子转移过程的机理解析。然而除了电子转移尚未解析的缺陷之外，催化循环过程的 Ti 原子的价位变化无依据，若干虚线、配位键也过于虚幻，难以理解其中含义。

Sharpless 不对称环氧化反应机理重新解析如下：

参考文献

[1] Herranz E, Sharpless K B. J Org Chem, 1978, 43: 2544-2548.

[2] Li G, Angert H H, Sharpless K B. Angew Chem Int Ed, 1996, 35: 2813-2817.

[3] Rubin A E, Sharpless K B. Angew Chem Int Ed, 1997, 36: 2637-2640.

[4] Kolb H C, Sharpless K B. Transi-tion Met Org Synth, 1998, 2: 243-260.(Review)

[5] Thomas A, Sharpless K B. J Org Chem, 1999, 64: 8379-8385.

[6] Gontcharov A V, Liu H, Sharpless K B. Org Lett, 1999, 1: 783-786.

128. Sharpless 二羟基化

这是以金鸡钠生物碱为配体的锇催化下,烯烃选择性地二羟基化反应。

现有文献给出的 Sharpless 二羟基化反应的机理为:

$$A \xrightarrow{+L,\ 类[2+2]环加成} B \xrightarrow{重排} C \xrightarrow{水解} P$$

根据上述机理,给出了锇催化剂的催化平衡:

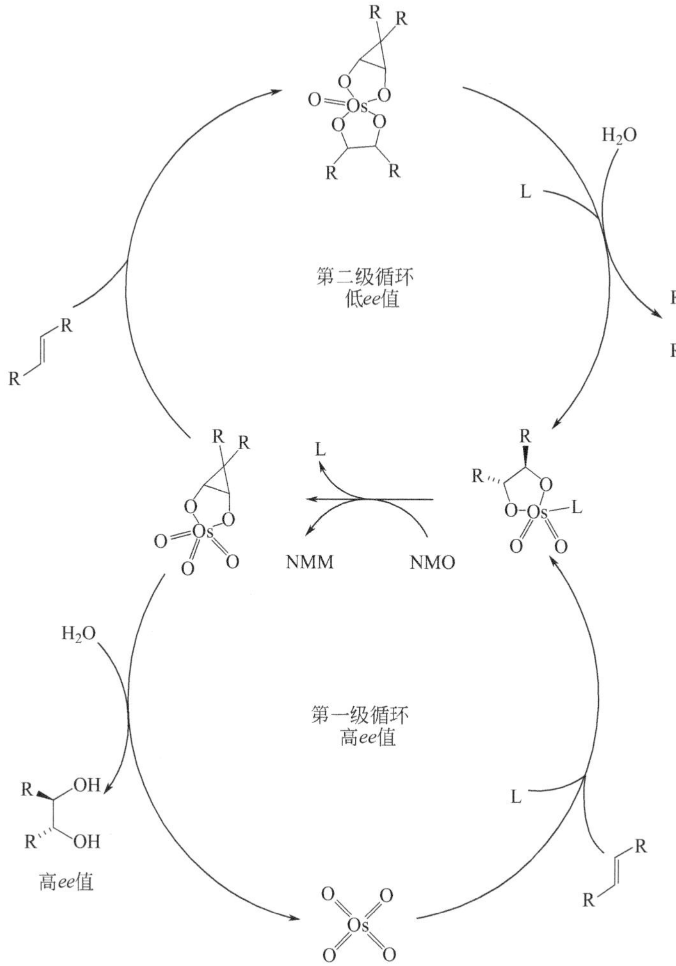

在本机理解析式中，是以 L 表示手性配体的，也正是这种手性配体的空间位阻导致了烯烃选择性地进行二羟基化反应。因此，这个手性配体应该是先与催化剂生成相对稳定的手性催化剂：

在催化剂与烯烃的氧化反应阶段，反应不该是类 [2+2] 环加成反应，因为 B 结构是不可能重排成 C 结构的。催化剂应以 [2,3]-σ 重排直接生成五元环化合物，最后经水解得到目标产物。反应机理改为：

相应的催化循环改为：

◆ 参考文献 ◆

[1] Jacobsen E N, Markó I, Mungall W S, et al. J Am Chem Soc, 1988, 110: 1968-1970.

[2] Wai J S M, Markó I, Svenden J S, et al. J Am Chem Soc, 1989, 111: 1123-1125.

[3] Kolb H C, Van Niewenhze M S, Sharpless K B. Chem Rev, 1994, 94: 2483-2547. (Review)

[4] Corey E J, Noe M C. J Am Chem Soc, 1996, 118: 319-329.

129. Shi 不对称环氧化

这是以果糖产生的手性酮为配体,用过硫酸氢钾不对称氧化烯烃生成环氧化物的反应。

现有文献给出了 Shi 不对称环氧化反应的催化循环:

上述机理解析只有催化循环图而未见电子转移描述，特别是自 D 至 A 阶段没有电子转移，反应既可能按照 [2+2] 环加成的机理进行，也可能按照极性反应机理两步串联进行，两种机理所得到的产物不同。根据本例不对称催化性质，只能是 [2+2] 环加成机理。

故对于 Shi 不对称环氧化反应机理补充解析为：

Shi 不对称环氧化反应的催化循环为：

注意：自 D 至 A 过程所用的烯烃只能是与芳烃共轭的烯烃，否则不具备反应活性。

◆ **参考文献** ◆

[1] Wang Z X, Tu Y, Frohn M, et al. J Am Chem Soc, 1997, 119: 11224-11235.

[2] Wang Z X, Shi Y. J Org Chem, 1997, 62: 8622-8623.

[3] Tu Y, Wang Z X, Frohn M, et al.. J Org Chem, 1998, 63: 8475-8485.

[4] Tian H, She X, Shu L, et al. J Am Chem Soc, 2000, 122: 11551-11552.

[5] Katsuki T. In Catalytic Asymmetric Synthesis, 2nd ed, Ojima I, New York: Wiley-VCH, 2000: 287-325.(Review)

[6] Tian H, She X, Shi Y. Org Lett, 2001, 3: 715-717.

130. Simmons-Smith 反应

这是二碘甲烷与锌（铜）对烯烃进行的环丙烷化反应。

$$CH_2I_2 + Zn(Cu) \longrightarrow ICH_2ZnI \longrightarrow$$

现有文献将 Simmons-Smith 反应机理解析为：

$$I-CH_2-I \xrightarrow{Zn\text{氧化加成}} ICH_2ZnI$$
A　　　　　　　　　　　Simmons-Smith试剂　B

$$2\ ICH_2ZnI \rightleftharpoons (ICH_2)_2Zn + ZnI_2$$
B　　　　　　　　　　C

（D → E → P + ZnI₂ 图示）

Simmons-Smith 试剂制备过程的氧化加成机理没有解析。补充如下：

（图示机理）

此反应机理解析在**自 D 至 P 阶段经过了一个 E 中间体，此中间体的结构并不清晰**。

Simmons-Smith 反应应该按照极性反应三要素来解析，它是两步极性反应的串联过程：

（图示机理）

此外，还可以将 Simmons-Smith 试剂 B 理解为先生成单线态卡宾，再与烯烃加成。

无论上述哪一种解析，均符合极性反应三要素的电子转移规律。

◆ 参考文献 ◆

[1] Simmons H E, Smith R D. J Am Chem Soc, 1958, 80: 5323-5324.
[2] Limasset J C, Amice P, Conia J M. Bull Soc Chim Fr, 1969: 3981-3990.
[3] Charette A B, Beauchemin A. Org React, 2001, 58: 1-415.(Review)

131. Simonisni 反应

这是羧酸银与碘生成羧酸酯的反应。

$$2\ R-C(=O)-O-Ag \xrightarrow{I_2} R-C(=O)-O-R + CO_2\uparrow + AgI$$

现有文献将 Simonisni 反应的机理解析为：

$$\underset{A}{R-C(=O)-O-Ag} + I-I \xrightarrow{S_N2} AgI + \underset{B}{R-C(=O)-O-I} \xrightarrow{均裂} I\cdot + \underset{C}{R-C(=O)-O\cdot}$$

$$\xrightarrow{脱羧} \underset{D}{CO_2\uparrow + R\cdot} \xrightarrow{R-C(=O)-O-I} R-I + \underset{E}{R-C(=O)-O\cdot}$$

$$\underset{A}{R-C(=O)-O-Ag} + R-I \xrightarrow{S_N2} \underset{P}{R-C(=O)-O-R}$$

按照如上解析，反应分为三个阶段：一是羧酸碘的生成，二是碘代烷的生成，三是羧酸酯的生成。

在羧酸碘生成的自 A 至 B 阶段，看不出来羧酸银是必需的，似乎采用羧酸钠也可以，显然这与前提条件矛盾。

故现有机理解析不对，**应该解析成三对电子的协同迁移机理**：

$$\underset{R-C(=O)-O-Ag\cdots I-I}{} \xrightarrow{[3,3]-\sigma 迁移} R-C(=O)-O-I$$

总之，必须考虑到 Ag—O 共价键的键长和银原子较强的电负性。

在自 C 至 E 的碘代烷生成阶段，可能按照上述自由基机理，也可能按照 [3,3]-σ 迁移机理进行。

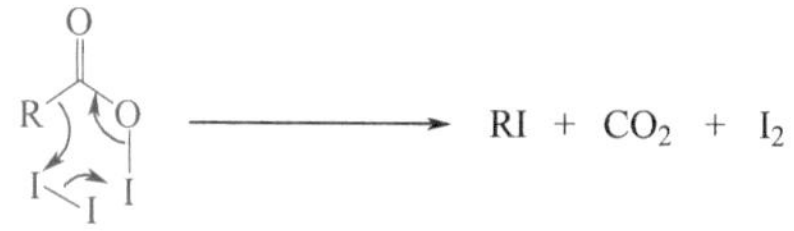

$$\text{(环状中间体)} \longrightarrow RI + CO_2 + I_2$$

而在 E 与 A 生成 P 的阶段，则只有按照 [3,3]-σ 迁移反应机理才具有较低的活化能。

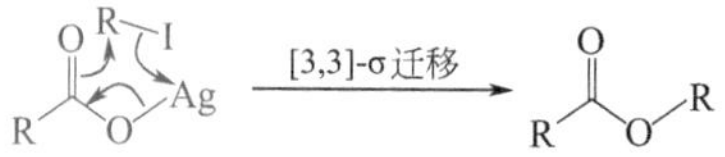

整个反应可经过三次 [3,3]-σ 迁移反应完成：

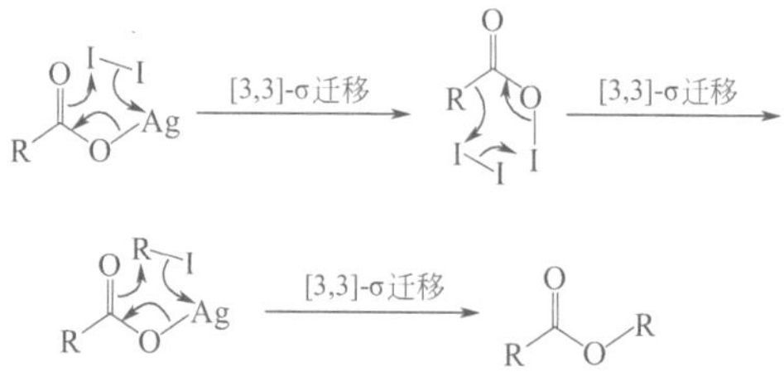

参考文献

[1] Simonimi A. Monatsh Chem, 1892, 13: 320.
[2] Oldham J W H. J Chem Soc, 1950: 100.
[3] Drazens G, Meyer M. Compt Rend, 1953, 237: 1334.

132. Skraup 喹啉合成

这是硫酸催化条件下苯胺与甘油缩合，再被硝基氧化的反应。

现有文献将 Skraup 喹啉合成反应的机理解析为：

此机理的最后一步，即将**二氢喹啉氧化成喹啉**的反应机理并未解析，补充如下：

也可能按照 [3,3]-σ 迁移机理进行：

这里补充了硝基氧化反应机理，其双键氧原子为氧化剂。

◆ 参考文献 ◆

[1] Skraup Z H. Monatsh Chem, 1880, 1: 316.
[2] Manske R H F, Kulka M. Org React, 1953, 7: 80-99.(Review)
[3] Bergstrom F W. Chem Rev, 1944, 35: 77-277.(Review)

133. Sommelet 反应

这是用六亚甲基四胺将卤苄转化成季铵盐，再水解成芳香甲醛的反应：

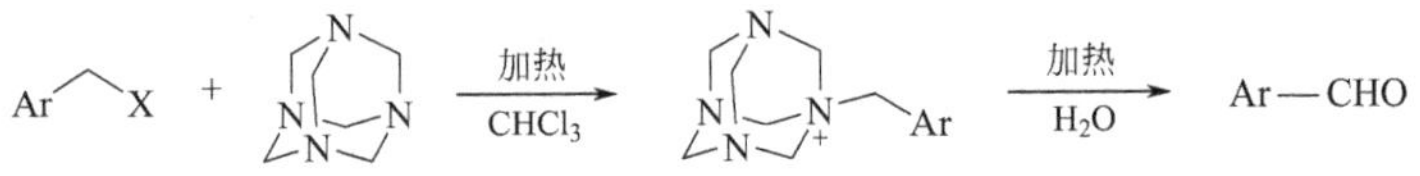

$$Ar-CH_2X + N_4(CH_2)_6 \xrightarrow[CHCl_3]{加热} [季铵盐] \xrightarrow[H_2O]{加热} Ar-CHO$$

现有文献将 Sommelet 反应的机理解析为：

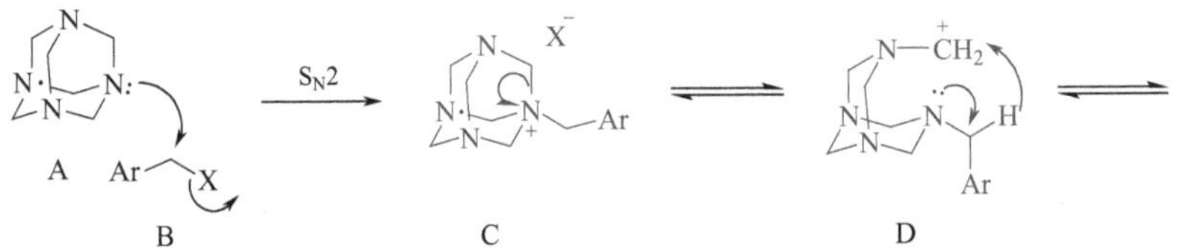

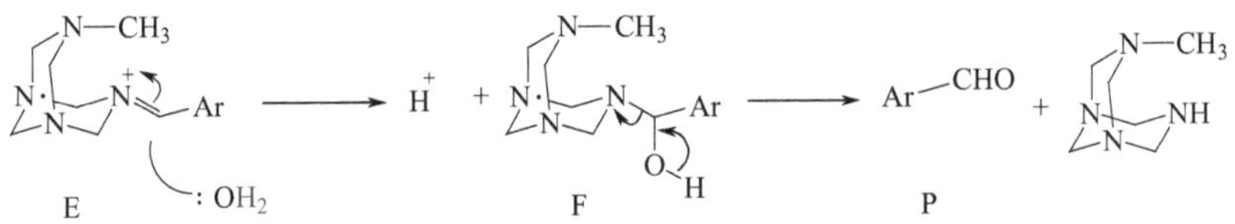

[机理图示 A → B → C → D → E → F → P]

上述机理解析的自 C 至 E 阶段值得推敲。

在自 C 至 D 阶段，氮正离子直接得到亚甲基上一对电子，即按照 S_N1 机理进行并不容易，有卤负离子亲核试剂参与才更容易。

[机理修改图示]

在自 D 至 E 阶段，负氢是带着一对电子离去的，原有的机理解析式中电子转移的弯箭头弯曲方向显然画反了。应该修改为：

参考文献

[1] Sommelet M. Compt Rend, 1913, 157: 852-854.
[2] Angyal S J. Org React, 1954, 8: 197-217.(Review)
[3] Campaigne E, Bosin T, Neiss E S. J Med Chem, 1967, 10: 270-271.

134. Sonogashira 反应

这是 Pd/Cu 催化的卤代烃与端点炔烃的交叉偶联反应。

$$R-X \ + \ =\!\!\!=\!\!-R' \ \xrightarrow[\text{CuI, Et}_3\text{N, rt}]{\text{PdCl}_2\cdot(\text{PPh}_3)_2} \ R-\!\!=\!\!=\!\!-R'$$

现有文献将 Sonogashira 反应的机理解析为:

i 氧化加成
ii 金属转移化
iii 还原消除

注意：Et$_3$N 也可还原 Pd(Ⅱ)到 Pd(0)而同时 Et$_3$N 被氧化为亚胺离子。

此机理似乎比较复杂，上述机理解析用了三个循环来描述此过程。然而这些循环连基本的物料衡算都未做到，也就谈不上什么合理性了。

后面注明的三乙胺还原氯化钯反应机理更加离奇：**C 结构的氮原子、钯原子竟然不带电荷，D 结构上氮原子外层竟然 5 对电子，自 D 至 E 过程竟然在钯元素上同时离去了两个离去基**。这些与电子转移规律完全不符。

Sonogashira 反应机理其实并不复杂，重新解析如下：

$$R'\!-\!\!\!\equiv\!\!\!-H \quad \ddot{N}Et_3 \longrightarrow R'\!-\!\!\!\equiv\!\!\!-Cu\!-\!I \longrightarrow R'\!-\!\!\!\equiv\!\!\!-Cu$$

$$R\!-\!X: \quad \cdot Pd\cdot \longrightarrow \begin{array}{c}R\!-\!X^+\\|\\Pd\end{array} \xrightarrow{SET} R\cdot \ \cdot Pd\!-\!X \longrightarrow R\!-\!Pd\!-\!X$$

$$R'\!-\!\!\!\equiv\!\!\!-Cu \quad X\!-\!Pd\!-\!R \longrightarrow R'\!-\!\!\!\equiv\!\!\!-Pd\!-\!R\ +\ CuX$$

$$\longrightarrow \begin{array}{c}Pd\\R'\!-\!\!\!\equiv\!\!\!\!\!\!\diagdown\\R\end{array} \longrightarrow R'\!-\!\!\!\equiv\!\!\!-R$$

三乙胺还原二价钯到零价钯的还原机理不对，其中的 C 和 D 结构不准确，应改为：

$$Et_2N\!-\!\!\!\diagup\!\!\!-H \quad ClPd\!-\!Cl \xrightarrow{-Et_2\overset{+}{N}\!\!=\!\!\diagup\ Cl^-} H\!-\!Pd\!-\!Cl \longrightarrow Pd(0)\ +\ HCl$$

催化循环图：

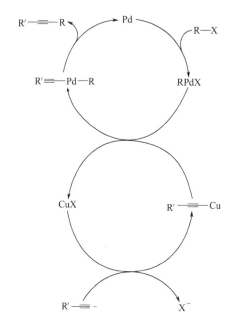

参考文献

[1] Sonogashira K, Tohda Y, Hagihara N. Tetrahedron Lett, 1975, 50: 4467-4470.
[2] Sakamoto T, Nagano T, Kondo Y, et al. Chem Pharm Bull, 1988, 36: 2248-2252.
[3] Ernst A, Gobbi L, Vasella A. Tetrahedron Lett, 1996, 37: 7959-7962.

135. Staudinger 反应

这是由三苯基膦还原叠氮化物成胺的反应。

$$X-N_3 \longrightarrow \underset{\text{叠氮膦}}{X-N=N-N=PR_3} \xrightarrow{-N_2} X-N=PR_3$$

现有文献将 Staudinger 反应的机理解析为：

$$X-\overset{-}{N}-\overset{+}{N}\equiv N \quad :PR_3 \longrightarrow X-\overset{-}{N}-N=N-\overset{+}{PR_3} \equiv X-N=N-N=PR_3$$

A　　　　　　　　　B　　　　　　　　C

$$\equiv \underset{X}{\overset{N=PR_3}{\underset{\|}{N}}} \equiv \underset{X}{\overset{N-\overset{+}{P}R_3}{\underset{\|}{N}}} \longrightarrow \left[\underset{X}{\overset{N\cdots PR_3}{\underset{\|\ \ \ \ \|}{N\cdots N}}}\right]^{\neq}$$

D　　　　　　　　E　　　　　　　　F 四元环过渡态

$$\longrightarrow \underset{P}{X-N=PR_3} + N_2\uparrow$$

此机理的解析式中有三处不足：

一是叠氮化物仅仅画出来双离子共振体，未将其共振过程表述出来。

二是 B 与 E 是同一个结构，C 与 D 的结构应该省略。

三是所谓四元环过渡态 F，既是模糊的也是错误的。

Staudinger 反应的机理解析应修改如下：

$$X-\overset{\overset{-}{N}}{\underset{\|}{N}}\overset{\|}{N} \longrightarrow X-\overset{-}{N}\overset{+}{\underset{N}{\diagdown}}N \quad :PR_3 \longrightarrow$$

如若表示出四元环中间过渡态,也应该有代表半对电子转移的虚线弯箭头以及代表半个共价键的虚线,**共价键的级数必须准确**。相应的过程应修改为:

◆ 参考文献 ◆

[1] Staudinger H, Meyer J. Helv Chim Acta, 1919, 2: 635-646.
[2] Stork G, Niu D, Fujimoto R A, et al. J Am Chem Soc, 2001, 123: 3239-3242.
[3] Williams D R, Fromhold M G, Earley J D. Org Lett, 2001, 3: 2721-2722.

136. Stetter 反应

这是在噻唑啉鎓催化下,醛与 α,β- 不饱和酮加成得到 1,4- 二羰基化合物的反应。

现有文献将 Stetter 反应的机理解析为:

上述机理解析不合理。

首先，D 结构不存在，因为在 C 分子结构羟基上的氢才是活泼氢，活泼氢与碱成键后，离去的氧负离子极易与亲电试剂成键生成环氧化物。

其次，B 结构极不稳定，极易生成单线态卡宾。

此卡宾也会与醛羰基加成，生成环氧化物。

故 Stetter 反应机理解析成卡宾与羰基的加成更加合理：

催化剂噻唑啉鎓的催化循环为：

参考文献

[1] Stetter H, Schreckenberg H. Angew Chem, 1973, 85: 89.
[2] Stetter H. Angew Chem, 1976, 88: 695-704.(Review)
[3] Trost B M, Shuey C D, DiNinno F, et al. J Am Chem Soc, 1979, 101: 1284-1285.

137. Stevens 重排

这是季铵盐与碱生成的叶立德试剂的重排反应。

$$Z-CH_2-\overset{+}{\underset{R^1}{N}}\underset{R^2}{\overset{R}{<}} \xrightarrow{\text{碱}} Z-\underset{R^1}{\overset{R}{C}}H-\underset{R^1}{N}\overset{R^2}{<}$$

现有文献对 Stevens 重排反应曾经做过两种解析。
原来认为的极性反应机理为：

$$\underset{A}{\overset{B:\curvearrowleft H}{Z-\overset{|}{C}H-\overset{+}{\underset{R^1}{N}}\underset{R^2}{\overset{R}{<}}}} \xrightarrow{\text{去质子化}} \underset{B}{Z-\overset{-}{C}H-\overset{+}{\underset{R^1}{N}}\underset{R^2}{\overset{R}{<}}}$$

$$\underset{F}{Z-CH_2-\overset{+}{\underset{R^1}{N}}\underset{R^2}{\overset{R}{<}}} \longrightarrow \underset{G}{Z=CH-\overset{+}{\underset{R^2}{N}}-R^1\;\; R^-} \longrightarrow \underset{P}{Z-\overset{R}{\underset{R^1}{C}}H-N\overset{R^2}{<}}$$

上述机理解析显然错误。**因为氮正离子并不存在空轨道也不能腾出空轨道，因此氮正离子不是亲电试剂，这是由于其电负性远大于与其成键元素所致。**

后来在反应体系内发现了自由基，因此否定了原来认可的极性反应机理。

目前认可的自由基反应机理为：

此机理解析仍然不合理。**共价键均裂需要较低的离解能，而较低的离解能只存在于共价键两端电负性差异较小、键长又相对较长的共价键上。**此结构显然远远满足不了共价键容易均裂的条件，因为氮正离子的电负性远远大于碳原子，共价键上独对电子是偏向于氮原子一方的，离解能较大因而不易均裂。

至于反应体系内存在的自由基，则极有可能是叶立德试剂的分解所致：

其实，Stevens 重排反应机理及其简单，只要按照极性反应三要素的概念就容易判断，**这只不过是典型的、标准的富电子重排反应机理而已**。

参考文献

[1] Stevens T S, Creighton E M, Gordon A B, et al. J Chem Soc, 1928:3193-3197.

[2] Schöllkopf U, Ludwig U, Ostermann G, et al. Tetrahedron Lett, 1969, 10: 3415-3418.

[3] Pine S H, Catto B A, Yamagishi F G. J Org Chem, 1970, 35: 3663-3665.

138. Stieglitz 重排

这是以三苯甲基羟胺用五氯化磷处理,再水解成二苯酮和苯胺。该反应过程为:

$$Ph_3C-N(H)OH \xrightarrow{PCl_5} Ph_2C=\overset{+}{N}(H)Ph\ Cl^- \xrightarrow{H_2O} Ph_2C=O + Ph-\overset{+}{N}H_3\ Cl^-$$

现有文献将 Stieglitz 重排反应的机理解析为:

（A）$Ph_3C-N(H)OH + Cl_4P-Cl \xrightarrow{S_N2}$ （B）$Ph_3C-N(H)-O-PCl_4 \xrightarrow{苯基迁移} O=PCl_3 +$ （C）$Ph_2C=\overset{+}{N}(H)Ph\ Cl^- \xrightarrow{H_2O:}$

$\xrightarrow{水解}$ （D）$Ph_2C(OH)-N(H)Ph \longrightarrow$ （P）$Ph_2C=O + Ph-\overset{+}{N}H_3\ Cl^-$

此机理解析的电子转移表述不够规范。

特别是自 B 至 C 过程,几对电子不分次序地协同转移,则难以从中认识反应原理,且芳基转移的标注错误。

其他带有活泼氢的亲核试剂在与亲电试剂成键过程中,中心原子必须协同地收回其与活泼氢上的一对电子,否则难以解释含有活泼氢亲核试剂的活性。

自 D 至 P 的消除步骤,也必须在 N 原子与质子成键后完成,这才体现离去基酸性条件活化之规律。

故将 Stieglitz 重排反应机理重新解析如下:

在 Stieglitz 重排反应解析式中，关键是将中间状态的氮正离子解析出来，由此可见反应之原理。故 Stieglitz 重排反应还可以解析成缺电子重排机理：

参考文献

[1] Stieglitz J, Leech P N. Ber Dtsch Chem Ges, 1913, 46: 2147.
[2] Pinck L A, Hilbert G E. J Am Chem Soc, 1937, 59: 8.
[3] Berg S S, Petrow V. J Chem Soc, 1952: 3713.

139. Still-Gennari 膦酸酯反应

这是在强碱作用下，膦酸酯与苯乙醛缩合、环合、消除成烯烃的反应。

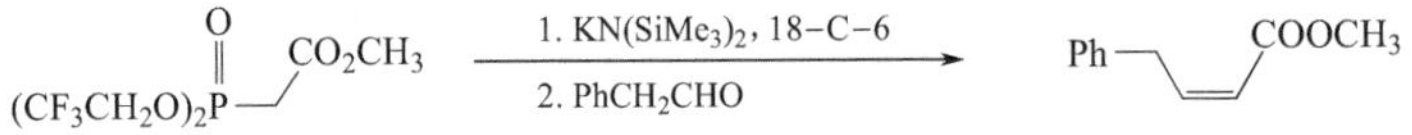

$$(CF_3CH_2O)_2\overset{O}{\underset{}{P}}-CH_2CO_2CH_3 \xrightarrow[\text{2. PhCH}_2\text{CHO}]{\text{1. KN(SiMe}_3)_2, 18-C-6} Ph\diagup\hspace{-1em}=\hspace{-1em}\diagdown COOCH_3$$

现有文献将 Still-Gennari 膦酸酯反应的机理解析为：

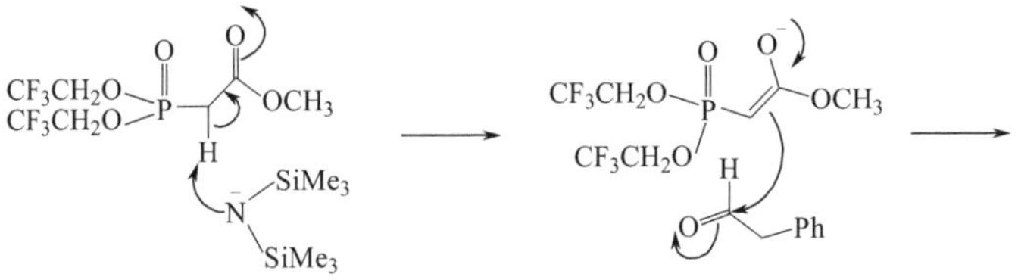

A　　　　　　　　　B

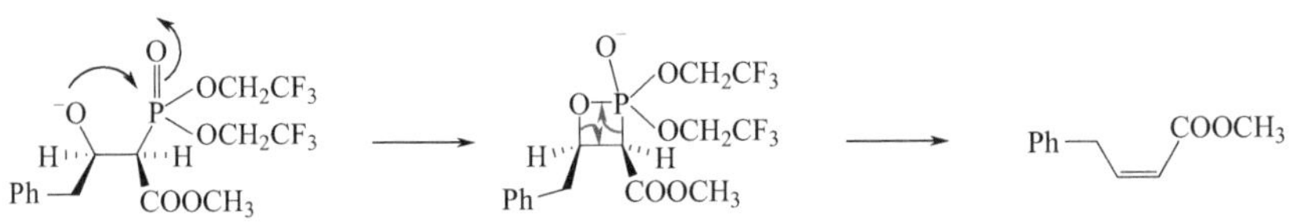

赤式异构体(动力学加成物)
C　　　　　　　　　D　　　　　　　　　P

本机理在自 D 至 P 步骤电子转移标注错误。虽然按照现有的标注也是生成目标产物，但反应原理不对。更正如下：

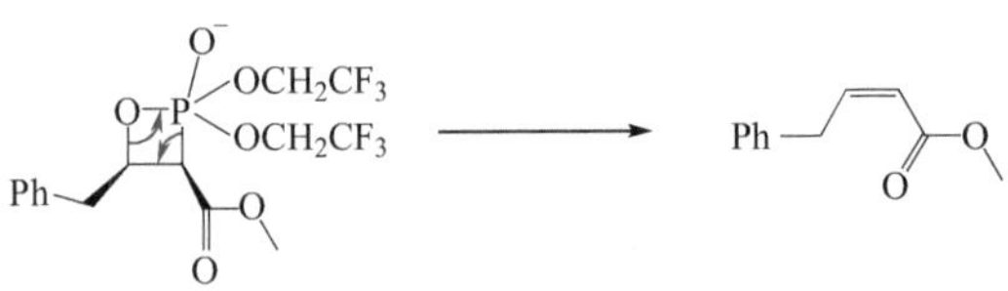

比较修改前后的变化，容易辨别其中原理，**独对电子的得失必须依据共价键两端的电负性。**

◆ 参考文献 ◆

[1] Still W C, Gennari C. Tetrahedron Lett, 1983, 24: 4405-4408.
[2] Nicolaou K C, Nadin A, Leresche J E, et al. Chem Eur J, 1995, 1: 467-494.
[3] Sano S, Yokoyama K, Shiro M, et al. Chem Pharm Bull, 2002, 50: 706-709.

140. Stille 偶联

这是 Pd 催化条件下的有机锡与有机卤代烃的交叉偶联反应。

$$R-X + R^1-Sn(R^2)_3 \xrightarrow{Pd(0)} R-R^1 + X-Sn(R^2)_3$$

现有文献将 Stille 偶联反应的机理解析为:

$$R-X + L_2Pd(0) \xrightarrow{\text{氧化加成}} \underset{C}{\overset{R\ \ L}{\underset{L\ \ X}{Pd}}} \xrightarrow[\text{异构化}]{R^1-Sn(R^2)_3 \ \text{金属转移}}$$

$$X-Sn(R^2)_3 + \underset{E}{\overset{R\ \ L}{\underset{L\ \ R^1}{Pd}}} \xrightarrow{\text{还原消除}} \underset{P}{R-R^1} + \underset{B}{L_2Pd(0)}$$

此机理解析仅仅将反应过程划分成三个步骤:氧化加成、金属转移异构化和还原消除,**并未全面进行机理解析,也未标注电子转移过程**。现补充解析如下:

$$R-X\ \ \cdot Pd\cdot \longrightarrow \overset{R\ \ X^+}{\underset{Pd}{}} \xrightarrow{SET} R\curvearrowright Pd-X \longrightarrow R-Pd-X$$

$$\underset{R^1-Sn(R^2)_3}{R-Pd-X} \xrightarrow{-XSn(R^2)_3} \overset{Pd}{\underset{R\ \ R^1}{}} \xrightarrow{-Pd(0)} R-R^1$$

为了更清晰地理解反应原理,也可以将还原消除过程拆成两步:

$$R-Pd-R^1 \longrightarrow {}^+Pd-R\ \ R^{1-} \longrightarrow R-R^1 + Pd(0)$$

钯催化剂的催化循环为:

◆ 参考文献 ◆

[1] Milstein D, Stille J K. J Am Chem Soc, 1978, 100: 3636-3638.
[2] Milstein D, Stille J K. J Am Chem Soc, 1979, 101: 4992-4998.
[3] Farina V, Krishnamurphy V, Scott W. J Org React, 1997, 50: 1-652.(Review)

141. Stille-Kelly 反应

这是在 Pd 与双锡试剂催化作用下，芳烃卤代物之间的交叉偶联反应。

现有文献将 Stille-Kelly 偶联反应的机理解析为：

此机理解析未见电子转移标注，本身就是不完整的解析。此交叉偶联反应有特殊性，双锡试剂是容易均裂而生成自由基的。

故 Stille-Kelly 偶联反应应该解析为：

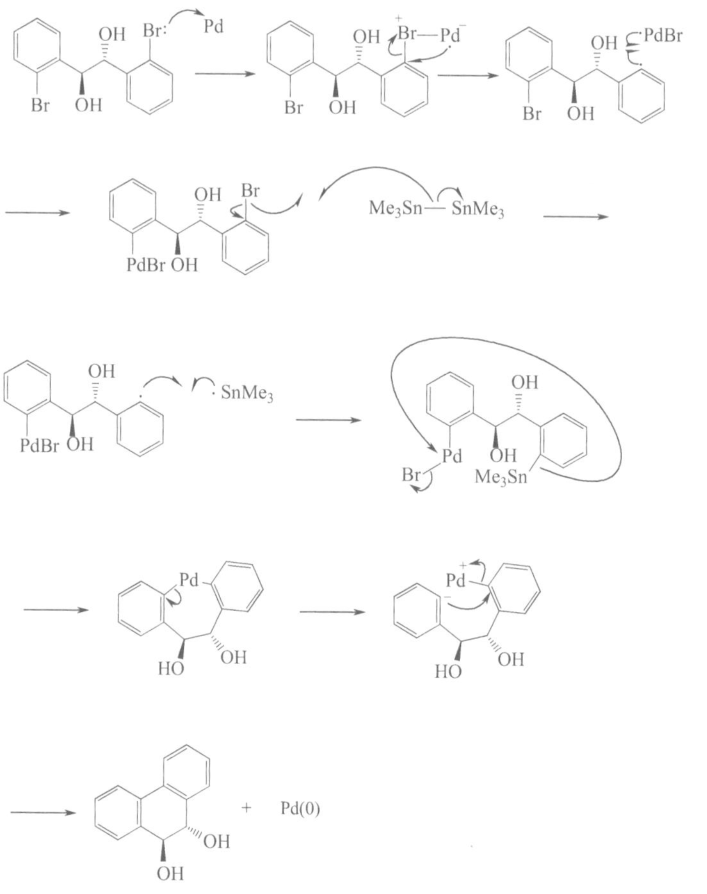

参考文献

[1] Kelly T R, Li Q, Bhushan V. Tetrahedron Lett, 1990, 31: 161-164.
[2] Grigg R, Teasdale A, Sridharan V. Tetrahedron Lett, 1991, 32: 3859-3862.
[3] Iyoda M, Miura M, Sasaki S, et al. Heterocycles, 1997, 38: 4581-4582.

142. Suzuki 偶联

这是 Pd 催化条件下的有机硼烷与有机卤代烃之间的交叉偶联反应。

$$R-X + R^1-B(R^2)_2 \xrightarrow[NaOR^3]{L_2Pd(0)} R-R^1$$

现有文献将 Suzuki 偶联反应的机理解析为：

$$R-X + L_2Pd(0) \xrightarrow{氧化加成} \underset{B}{\begin{array}{c}R\;L\\ \diagdown Pd \diagup \\ \diagup\;\;\diagdown\\ L\;\;X\end{array}}$$

$$\underset{C}{R^1-B(R^2)_2} \xrightarrow[加碱]{NaOR^3} \underset{D}{R^1-\underset{|}{\overset{OR^3}{B(R^2)_2}}}$$

$$\underset{E}{\begin{array}{c}R\;L\\Pd\\L\;X\end{array}} + \underset{F}{R^1-\overset{OR^3}{B(R^2)_2}} \xrightarrow[异构化]{金属转移化} \underset{G}{R^3O-B(R^2)_2} + \underset{H}{\begin{array}{c}L\;L\\Pd\\R\;R^1\end{array}} \xrightarrow{还原消除} \underset{P}{R-R^1 + L_2Pd(0)}$$

此机理解析仅仅将反应过程划分成四个步骤：氧化加成、碱与硼络合、金属转移和还原消除，并未全面进行机理解析，也未标注电子转移过程。现补充解析如下：

$$R^1-\underset{R^2}{\overset{R^2}{B}}\quad \bar{O}R^3 \longrightarrow R^1-\underset{R^2}{\overset{R^2}{B}}-OR^3$$

$$R-X: \cdot Pd \cdot \longrightarrow R\overset{+}{\underset{\cdot Pd}{X}} \xrightarrow{SET} R\cdot \;\; \cdot Pd-X \longrightarrow R-Pd-X$$

$$R-Pd-X \quad R^1-\underset{R^2}{\overset{R^2}{B}}-OR^3 \longrightarrow R-\underset{R^1}{Pd} \longrightarrow R-R^1$$

钯的催化循环参见 Stille 偶联，此处从略。

◆ 参考文献 ◆

[1] Miyaura N, Yamada K, Suzuki A. Tetrahedron Lett, 1979, 36: 3437-3440.
[2] Miyaura N, Suzuki A. Chem Commun, 1979: 866-867.
[3] Tidwell J H, Peat A J, Buchwald S L. J Org Chem, 1994, 59: 7164-7168.

143. Swern 氧化

这是以 DMSO 与草酰氯为氧化剂，将羟基氧化成羰基的反应。

$$\underset{R^1}{\overset{OH}{\diagup}}R^2 \xrightarrow[\text{2. Et}_3\text{N}]{\substack{1.\ CH_2Cl_2,\ -78℃ \\ (COCl)_2,\ DMSO}} \underset{R^1}{\overset{O}{\diagup}}R^2$$

现有文献将 Swern 氧化反应的机理解析为：

此机理解析显然不合理，违背了电子转移的一般规律。

自 H 至 P 过程是按照 [2,3]-σ 重排反应机理解析的，H 既然是叶立德试剂就可以生成 pπ-dπ 键，此种状态下五元环上电负性最大的氧原子不可能先失电子再得电子而处于亲电试剂位置，它必然是先得电子再利用这对电子与亲电试剂成键，因此氧原子只能是离去基转化成亲核试剂的原子。

此外，**氧化还原反应必然是个负氢转移过程，反之则不会生成目标产物**。我们将自 H 至 P 过程的电子转移分段表述，容易发现反应的方向完全不同：

在碳负离子与氧成键的分子结构上，生成卡宾是更容易进行的。

根据如上讨论。我们将 Swern 氧化反应机理解析的自 E 至 P 阶段改为：

◆ 参考文献 ◆

[1] Huang S L, Omura K, Swern D. J Org Chem, 1976, 41: 3329-3331.
[2] Huang S L, Omura K, Swern D. Synthesis, 1978, 4: 297-299.
[3] Tidwell T T. Org React, 1990, 39: 297-572.（Review）

144. Tamao-Kumada 氧化

这是烷基氟硅烷被双氧水氧化成醇的反应。

$$\underset{R}{\overset{F\ F}{Si}}R \xrightarrow[\text{KHCO}_3,\ \text{DMF}]{\text{KF, H}_2\text{O}_2} 2\text{ROH}$$

现有文献将 Tamao-Kumada 氧化反应的机理解析为：

（A）→（C）→（D）→（E）→（F）→（G）→ 2ROH (P)

此机理解析存疑：

第一，既然硅原子能利用其 d 轨道接受电子成键，那么接受电子后的硅原子上也应带有负电荷，而 B 结构并不带电。

第二，已经带有负电荷的硅就不可能再与带有负电荷的亲核试剂成键了，而 B 结构正是带有负电荷的，没有可能再接受一对电子成键。

第三，自 D 至 E 过程的电子转移标注错误，整个结构的电荷变化也不对。

综上所述，Tamao-Kumada 氧化反应原有机理解析不合理。其实不必过于复杂地考虑，碳原子相对于硅原子来说是较强电负性基团，在硅原子得到电子电负性减弱时更容易离去，当与亲电试剂双氧水接近时容易成键。

参考文献

[1] Tamao K, Ishida N, Kumada M. J Org Chem, 1983, 48: 2120.

[2] Kim S, Emeric G, Fuchs P L. J Org Chem, 1992, 57: 7362.

[3] Jones G R, Landais Y. Tetrohedron, 1996, 52: 7599.

145. Tebbe 烯烃化

这是将羰基转化成烯烃的反应。

$$Cp_2Ti\underset{Cl}{\overset{}{\square}}Al(CH_3)_2 \text{（Tebbe 试剂）} + \underset{R}{\overset{O}{\|}}R^1 \longrightarrow \underset{R}{\overset{}{=}}R^1 + O=TiCp_2$$

现有文献将 Tebbe 烯烃化反应的机理解析为两部分：Tebbe 试剂合成与烯烃合成。

Tebbe 试剂合成的机理解析为：

$$Cp_2TiCl_2 + 2\,Al(CH_3)_3 \xrightarrow{\text{金属转移化}} Cp_2Ti\underset{CH_3}{\overset{H}{\diagup}} \xrightarrow{\alpha\text{-夺氢}}$$

    A   B   C

$$CH_4\uparrow + Cp_2Ti=CH_2 \xrightarrow[\text{络合}]{Cl-Al(CH_3)_2 \;\; E} Cp_2Ti\underset{Cl}{\overset{}{\square}}Al(CH_3)_2$$

          D   Tebbe 试剂

这里 Tebbe 试剂结构本身就未表示清楚，既然它是 D 与 E 结构的络合物，则铝原子就应该带有负电荷，而氯原子应该带有正电荷。

$$Cp_2Ti=\underset{Cl}{\overset{}{Al}}\diagdown \longrightarrow Cp_2Ti^+\underset{:Cl}{\overset{}{\square}}Al^- \longrightarrow Cp_2Ti^-\underset{Cl}{\overset{+}{\square}}Al$$

此外，D 与 E 结构是由 A 与 B 结构转化得到的，不应该经过 C 中间体，更不应该有甲烷生成。

$$\underset{Cp}{\overset{Cp}{\diagdown}}Ti\underset{Cl}{\overset{Cl:}{\diagdown}}\!\!\rightarrow AlMe_3 \longrightarrow \underset{Cp}{\overset{Cp}{\diagdown}}Ti\underset{Cl}{\overset{Cl^+}{\diagdown}}Al^- \xrightarrow{-Cl-AlMe_2}$$

$$\text{Cp}_2\text{Ti}(\text{H})(\text{Cl}) \xrightarrow{-\text{HCl}} \text{Cp}_2\text{Ti}=\text{CH}_2$$

原有文献将 Tebbe 试剂与酮的烯烃化反应机理解析为：

$$\text{M} \xrightleftharpoons{\text{解离}} \text{G} (\text{Cl}-\text{Al}(\text{CH}_3)_2) + \text{H}$$

$$\xrightarrow{[2+2]\text{环加成}} \text{I} \xrightarrow{\text{逆}[2+2]\text{环加成}} \text{P} + \text{S} (\text{Cp}_2\text{Ti}=\text{O})$$

此机理解析在 [2+2] 环加成与逆 [2+2] 环加成过程的电子转移标注错了，因而出现了原理上的错误。重新解析如下：

$$\longrightarrow \text{Cl}-\text{AlMe}_2 + \text{Cp}_2\text{Ti}= \longrightarrow$$

$$\xrightarrow{[2+2]\text{环加成}} \xrightarrow{\text{逆}[2+2]\text{环加成}} + \text{Cp}_2\text{Ti}=\text{O}$$

归根结底，所谓 **Tebbe 试剂本质上就是 D 结构的钛烯**。是钛烯上的亚甲基与羰基氧交换的反应，叫作 Tebbe 烯烃化反应。

特别提醒注意的是自 I 至 P 过程，氧原子所处的位置是离去基转化成亲核试剂，即只能先得电子成为氧原子，再利用其独对电子与亲电试剂成键。

◆ 参考文献 ◆

[1] Tebbe F N, Parshall G W, Reddy G S. J Am Chem Soc, 1978, 100: 3611-3613.

[2] Pine S H, Pettit R J, Geib G D, et al. J Org Chem, 1985, 50: 1212-1216.

[3] Pine S H. Org React, 1993, 43: 1-98.（Review）

146. Tishchenko 反应

这是醛类化合物经乙醇铝处理生成酯的反应。

$$\text{RCHO} \xrightarrow{\text{Al(OEt)}_3} \text{RCO}_2\text{Et}$$

现有文献将 Tishchenko 反应的机理解析为:

[反应机理图:A ⇌ B ⇌ A + C ⇌ D]

$$\xrightarrow{\text{氢转移}} \text{RCO}_2\text{Et (P)} + (\text{EtO})_2\text{Al}-\text{OCH}_2\text{R}$$

本机理解析自 B 自 C 过程电子转移标注错误。自 D 至 P 的过程也应清晰地表示成 [3,3]- 迁移的标准形式。重新解析如下:

[重新解析的反应机理图]

◆ 参考文献 ◆

[1] Tishchenko V J. Russ Phys Chem Soc, 1906, 38: 355.

147. Tsuji-Trost 反应

这是钯催化条件下的取代反应：

现有文献将 Tsuji-Trost 反应的机理解析为：

本机理解析式中的 B、D 结构模糊，且 D 与 E 之间的电子转移弯箭头弯曲方向错了。

Tsuji-Trost 反应也是个典型的氧化加成与还原消除过程，机理重新解析如下：

◆ 参考文献 ◆

[1] Tsuji J, Takahashi H, Morikawa M. Tetrahedron Lett,1965, 6:4387-4388.
[2] Tsuji J. Acc Chem Res, 1969,2: 144-152.(Review)

148. Ugi 反应

这是由羧酸、异腈、胺和含氧化合物四组分缩合生成肽的反应。

$$R-COOH + R^1-NH_2 + R^2-CHO + R^3-\overset{+}{N}\equiv\overset{-}{C} \longrightarrow R-\underset{O}{\overset{O}{\|}}C-\underset{R^1}{\overset{R^2}{C}}-\underset{O}{\overset{H}{\|}}C-N-R^3$$
异腈

现有文献将 Ugi 反应的机理解析为：

A → C → 亚胺 D → (R—COOH) → E、F、G → H → I → P

本机理解析有两个问题。

一是 E、F、G 三组分缩合反应难以表示出反应原理，应将其拆开分步讨论。

二是在 A 与 B 缩合反应过程中活泼氢亲核试剂与亲电试剂成键过程中未将亲核试剂与活泼氢之间共价键上的电子对协同收回。

Ugi 反应机理自 D 至 P 步骤重新解析如下：

在上述机理解析式中，异腈只有与亚胺成键后，碳原子才是亲电试剂。

◆ 参考文献 ◆

[1] Ugi I. Angew Chem Int Ed, 1962, 1: 8-21.

[2] Ugi I, Offermann K, Herlinger H, et al. Liebigs Ann Chem, 1967, 709: 1-10.

[3] Ugi I. Kaufhold G Ann, 1967, 709: 11-28.

[4] Ugi I, Lohberger S, Karl R. In ComprehensiveOrganic Synthesis, Trost B M, Fleming I, Eds. Pergamon: Oxford, 1991, 2: 1083.(Review)

[5] Dömling A, Ugi I. Angew Chem Int Ed, 2000, 39: 3168.(Review)

[6] Ugi I. Pure Appl Chem, 2001, 73: 187-191.(Review)

149. Ullmann 反应

这是碘代芳烃在铜存在下的偶联反应，实例如下：

$$2 \, C_6H_5I \xrightarrow{Cu} C_6H_5\text{-}C_6H_5 + CuI_2$$

现有文献将 Ullmann 反应的机理解析为：

$$\underset{A}{C_6H_5I} \xrightarrow{Cu}_{SET} \underset{B}{C_6H_5\cdot} + CuI \xrightarrow{CuI} \underset{C}{C_6H_5\text{-}CuI} \xrightarrow{C_6H_5I}_{SET} \underset{P}{C_6H_5\text{-}C_6H_5} + CuI_2$$

此机理解析未标明电子转移过程，应补充完整。此反应与铜的用量相关，二分之一当量的铜将生成碘化铜，加入过量的铜可生成碘化亚铜，因为铜在不同反应阶段均可给出自由电子使碘苯生成苯自由基 M。

$$C_6H_5\text{-}I : \curvearrowright CuI \longrightarrow [C_6H_5\text{-}I^+\text{-}CuI]^- \longrightarrow C_6H_5\cdot + CuI_2$$

两个苯自由基间成键便可生成联苯：

$$C_6H_5\cdot + \cdot C_6H_5 \longrightarrow C_6H_5\text{-}C_6H_5$$

上述生成的碘化亚铜仍可为碘苯提供自由电子生成苯自由基：

$$C_6H_5\text{-}I : \curvearrowright Cu \longrightarrow [C_6H_5\text{-}I^+\text{-}Cu]^- \longrightarrow C_6H_5\cdot + CuI$$

碘化亚铜可以和苯自由基成键再均裂，处于平衡状态：

$$C_6H_5\cdot + CuI \rightleftharpoons C_6H_5\text{-}CuI$$

当然，上述平衡会因为生成联苯而移动。

◆ **参考文献** ◆

［1］Ullmann F, Bielecki J. Ber, 1901, 34: 2174-2185.
［2］Ullmann F. Ann, 1904, 332: 38-81.

150. Wacker 氧化

这是在 Pd 催化条件下，烯烃氧化成酮的反应。

$$R-CH=CH_2 \xrightarrow[CuCl_2, O_2]{PdCl_2, H_2O} R-CO-CH_3$$

现有文献将 Wacker 氧化反应的机理解析为：

$$R-CH=CH_2 + PdCl_2 \xrightarrow{钯化} [\text{B}] \xrightarrow[\text{亲核进攻}]{H_2O} [\text{C}]$$

$$\xrightarrow{\beta\text{-氢消除}} H-Pd-Cl + \underset{D}{R-C(OH)=CH_2} \xrightarrow{互变异构} \underset{P}{R-CO-CH_3}$$

$$\underset{D}{H-Pd-Cl} \longrightarrow \underset{E}{Pd(0)} + HCl$$

Pd（Ⅱ）再生：

$$\underset{F}{Pd(0) + 2CuCl_2} \longrightarrow \underset{G}{PdCl_2 + 2CuCl}$$

Cu（Ⅱ）再生：

$$\underset{H}{CuCl + O_2} \longrightarrow \underset{I}{CuCl_2 + H_2O}$$

此机理解析在 B 处的表示方法比较模糊，自 C 至 D 的负氢转移过程标注错误。

另有一机理解析，似乎更加合理。供读者比较：

在上述机理解析式中，烯烃端点为亲核试剂，氯化钯上钯原子为亲电试剂是非常清楚的，中间体 C 结构上的负氢转移也比较容易，随后进行的 [2,3]-σ 重排具有较低的活化能。

催化剂 Pd 的催化循环由下式给出：

显而易见，Wacker 氧化反应的氧化剂是氧气，钯、铜化合物都是催化剂。

参考文献

[1] Smidt J, Sieber R. Angew Chem Int Ed, 1962, 1: 80-88.

[2] Tsuji J. Synthesis, 1984, 369: 384. (Review)

[3] Hegedus L S. In Comp Org Syn. Trost B M, Fleming I. Pergamon, 1991, 4: 552. (Review)

[4] Tsuji J. In Comp Org Syn. Trost B M, Fleming I. Pergamon, 1991, 7:449. (Review)

151. Wallach 氧化

这是氧化偶氮化合物经酸处理后，生成对羟基偶氮化合物的反应。

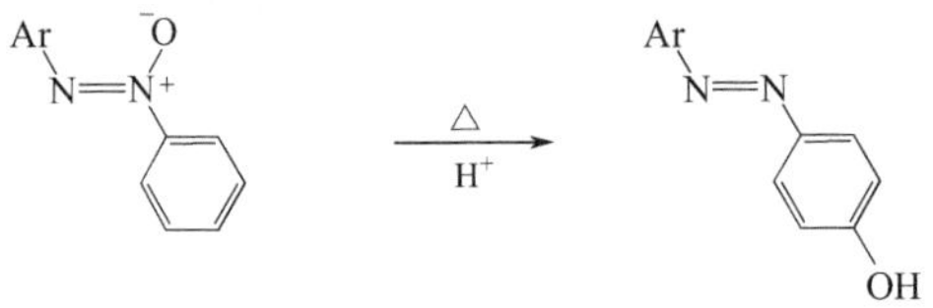

现有文献将 Wallach 重排反应的机理解析为：

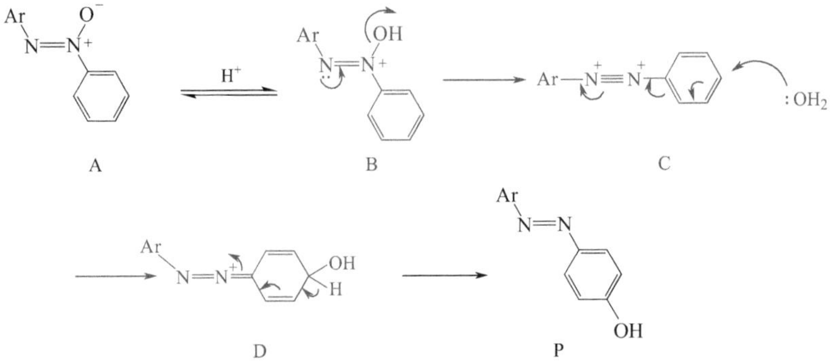

此机理解析完全不合理，**极性反应三要素判断错误**。自 B 至 C 过程和自 C 至 D 过程中，所有 N 正离子都不是亲电试剂，因为它们并不带有空轨道，也不能腾出空轨道，这是由其高电负性的性质所决定的。

根据三要素的基本概念，将 Wallach 重排反应的机理重新解析为：

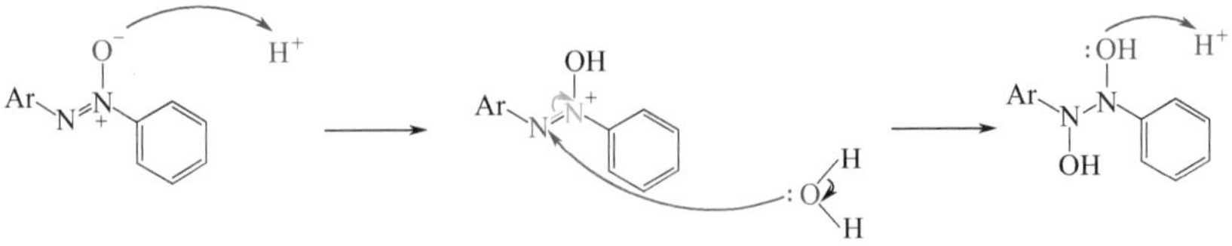

这才符合极性反应电子转移的一般规律。

◆ 参考文献 ◆

[1] Wallach O, Belli L. Ber Dtsch Chem Ges, 1880, 13: 525.

152. Willgerodt-Kindler 反应

这是将酮转化为硫代酰胺的反应。现有文献给出了两个实例。

实例 1：

$$\text{PhCOCH}_3 + \text{HNRR}^1 \xrightarrow{S_8} \text{PhCH}_2\text{C(=S)NRR}^1$$

现有文献将实例 1 的反应机理解析为：

（反应机理图：A → B → C → D → E → F → G → H → I → P₁）

A: PhC(O)CH₃ + HNRR¹
B: PhC(OH)(CH₃)NRR¹
C: PhC(SH)(CH₃)NRR¹ （+H₂S）
D: PhC(=S)CH₃ + HNRR¹
E: PhC(=S)CH₂SH （S₈）
F: PhCH(SH)CH=S
G: PhCH₂CH=S （−S）
H: PhCH₂CH(SH)NRR¹ （+HNRR¹）
I: PhCH₂C(SH)₂NRR¹ （S₈）
P₁: PhCH₂C(=S)NRR¹ （−SH₂）

此实例 1 的**机理解析未见电子转移描述，读者难以理解其中原理，特别是自 D 至 P₁ 步骤。**

现将实例 1 的 D 至 P₁ 步骤反应机理重新解析为：

152. Willgerodt-Kindler反应

实例2：

现有文献将实例2的反应机理解析为：

此机理解析式自 D 至 G 过程直接引用了 Carmack 反应机理解析。然而，Carmack 反应的机理解析同样不完善；且实例2自 G 至 P 的最后步骤，现有文献并未解析，现补充如下：

◆ 参考文献 ◆

[1] Willgerodt C. Ber, 1887, 20: 2467-2470.
[2] Kindler K. Arch Pharm, 1927, 265: 389-415.

153. Wittig 反应

这是羰基与膦叶立德试剂缩合成烯烃的反应：

$$Ph_3P + \underset{R}{\overset{R^1}{\rightarrow}}\!\!\!\!-X \longrightarrow Ph_3P^+\!\!\!\!\overset{X^-}{\underset{R}{\overset{R^1}{-H}}} \xrightarrow{\text{碱}} Ph_3P=\underset{R}{\overset{R^1}{<}}$$

$$Ph_3P=\underset{R}{\overset{R^1}{<}} + R^2\!-\!\!\overset{R^3}{\underset{O}{=}} \longrightarrow Ph_3P=O + \underset{R^2}{\overset{R^3}{>}}\!\!\!=\!\!\!\underset{R}{\overset{R^1}{<}}$$

现有文献将 Wittig 反应的机理解析为：

（A→B→C→D 反应机理图，经 S_N2 和碱处理）

E（折叠状过渡态 不可逆的协同过程）→[2+2]环加成→ F（氧膦杂环丁烷中间体）→ $Ph_3P=O$ + P

上述机理解析式中的叶立德试剂 D 为 pπ-dπ 键的形式，也可以表述为其共振的离子对形式：

$$Ph_3P\!\!=\!\!\underset{R}{\overset{R^1}{<}} \longrightarrow Ph_3P^+\!\!-\!\!\underset{R}{\overset{R^1}{<}}{}^-$$

解析式中所谓折叠状过渡态所发生的 D 与 E 之间 [2+2] 环加成的电荷

标注、电子转移标注都错了，且叶立德试剂的结构只能是上述两种结构之一。应该修改和补充为：

或者：

◆ 参考文献 ◆

[1] Wittig G, Schöllkopf U. Ber, 1954, 87: 1318-1330.

[2] Maercker A. Org React, 1965, 14: 270-490.(Review)

154. Wolff 重排

这是 α-重氮酮于碱性条件下生成烯酮中间体，再与胺生成相应的酰胺的反应。

$$R^1-CO-CH=N_2 \longrightarrow N_2\uparrow + R^1-CH=C=O \xrightarrow{R^2-NH_2} R^1-CH_2-CO-NH-R^2$$

α-重氮酮　　　　　　　烯酮中间体

现有文献将 Wolff 重排反应的机理解析为：

（A：R¹—CO—CH=N⁺=N⁻ ↔ B：R¹—CO—CH—N⁺≡N 三元环结构）

$$N_2\uparrow + R^1-CO-CH: \equiv \underset{E}{R^1-CO-CH^-} \xrightarrow{烷基迁移} \underset{F}{R^1-CH=C=O} \; \underset{G}{H_2\ddot{N}-R^2}\; H^+$$

C　　　　α-羰基卡宾 D

$$\longrightarrow \underset{H}{R^1-CH=C(OH)-NH-R^2} \longrightarrow \underset{P}{R^1-CH_2-CO-NH-R^2}$$

此 Wolff 重排反应机理解析问题很多。

第一，重氮化合物的结构不是 A 结构，而是三元环状结构及其异构化的 B 结构。

$$R^1-CO-CH=N_2 \equiv R^1-CO-\underset{\underset{N}{\overset{|}{N}}}{\overset{\triangle}{CH}} \longleftrightarrow R^1-CO-CH^--N^+\equiv N$$

第二，由 B 结构离去氮气之后直接生成的是单线态卡宾 E 结构，而不是三线态卡宾 D 结构。

第三，自 E 至 F 的卡宾重排机理表述不对，烷基迁移方向反了。

此反应机理的更详细讨论参见本书 Arndt-Eisytert 同系化反应。

◆ 参考文献 ◆

[1] Wolff L. Ann, 1912, 394: 23-108.
[2] Zeller K P, Meier H, Müller E. Tetrahedron, 1972, 28: 5831-5838.

155. Woodward 顺二羟基化反应

这是烯烃选择性二羟基化生成顺式结构的二醇的反应：

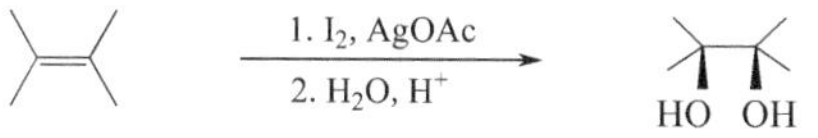

现有文献将 Woodward 顺式二羟基化反应的机理解析为：

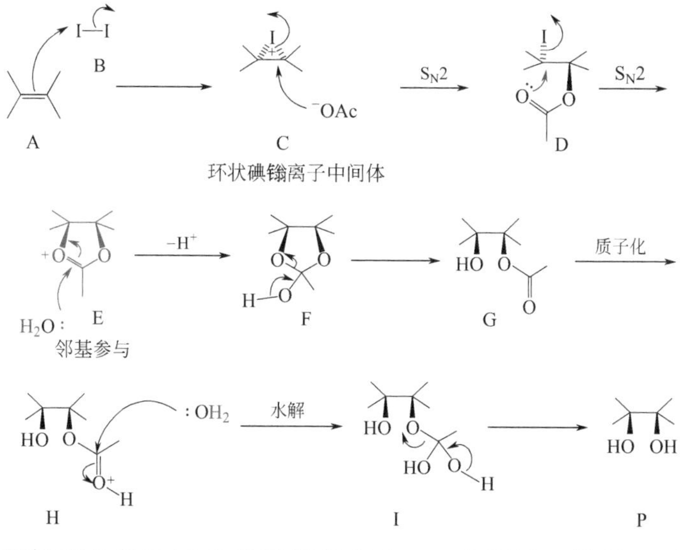

本机理解析在自 D 至 G 阶段值得商榷，不应经过 E 阶段。 因为羰基氧原子上独对电子的亲核活性远远不足，而只有在羰基加成后生成了四面体结构的氧负离子才具备反应活性。故自 D 至 G 过程重新解析如下：

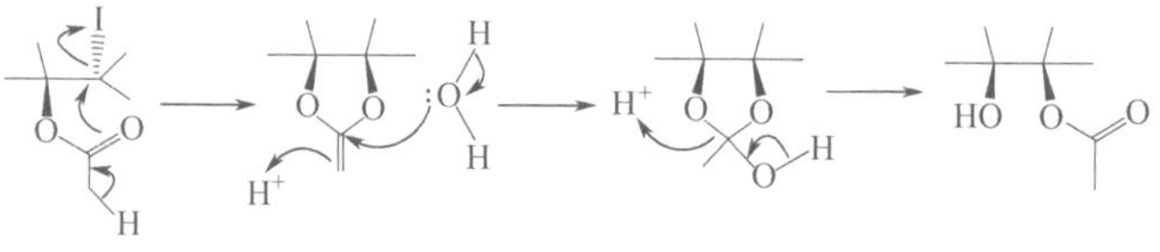

本反应所加入的乙酸银旨在去除碘负离子，以抑制反式异构体的生成。

◆ 参考文献 ◆

[1] Woodward R B, Brutcher F V. J Am Chem Soc, 1958, 80: 209-211.
[2] Kirschning A, Plumeier C, Rose L. Chem Commun, 1998: 33-34.

156. Wurtz 反应

这是卤代烷烃经金属钠处理生成碳-碳键的反应：

$$R-X \xrightarrow{Na(0)} R-R + NaX$$

现有文献对于 Wurtz 反应作了两种可能的解析。

自由基机理：

$$R-X \xrightarrow{R^- Na^+} NaX + 2R\cdot \longrightarrow R-R$$
$$\phantom{R-X \xrightarrow{R^- Na^+}} A B P$$

上述反应不可能生成自由基，非经过单电子转移过程不可。

$$R-X \;\; \cdot Na \xrightarrow{SET} R\cdot\;\;\cdot R \longrightarrow R-R$$

离子机理：

$$R-X \xrightarrow{Na(0)} R^- Na^+ + NaX$$

碳负离子的生成并未说清楚，它是在自由基基础上再得到一个自由电子而成。离子机理补充如下：

$$R\cdot \;\;\cdot Na \xrightarrow{SET} R^- \;\; R-X \longrightarrow R-R$$

◆ 参考文献 ◆

[1] Wurtz A. Justus Liebigs Ann Chem, 1855, 96, 364.
[2] Connor DS, Wilson E R. Tetrahedron Lett, 1967, 8, 4925.

157. Zaitsev 消除

这是取代烷烃消除成烯烃的反应：

现有文献将 Zaitsev 消除反应的机理解析为：

上述机理解析不够准确，因为离去基的 α 位氢原子的酸性强于 β 位氢原子。

故 Zaitsev 消除反应机理应该修改为：

只有在 α 位没有氢原子的条件下，反应才可能按照原有机理解析进行。

◆ 参考文献 ◆

[1] Brown H C, Wheeler O H. J Am Chem Soc, 1956, 78: 2199-2210.
[2] Chamberlin A R, Bond F T. Synthesis, 1979, 44-45.